Albert Riggenbach

Die Geschichte der Meteorologischen Beobachtungen in Basel

Albert Riggenbach

Die Geschichte der Meteorologischen Beobachtungen in Basel

ISBN/EAN: 9783742859785

Manufactured in Europe, USA, Canada, Australia, Japa

Cover: Foto ©berggeist007 / pixelio.de

Manufactured and distributed by brebook publishing software
(www.brebook.com)

Albert Riggenbach

Die Geschichte der Meteorologischen Beobachtungen in Basel

DER

NATURFORSCHENDEN GESELLSCHAFT

ZU BASEL

ZUR JUBILÄUMSFEIER

IHRES

FÜNFUNDSIEBZIGJÄHRIGEN BESTEHENS UND WIRKENS

GEWIDMET

VON IHREM SECRETÄR.

I. Die ersten regelmässigen Beobachtungen.

I. Die Arbeiten der Bernoulli.

Schon bald nachdem die meteorologischen Instrumente über ihr erstes Wiegenstadium hinaus waren, wurde in Basel Barometerstand und Temperatur fleissig abgelesen; ja, nach den wenigen auf uns gekommenen Bruchstücken[1]) dieser Beobachtungsregister zu schliessen, wurden sehr wahrscheinlich damals schon regelmässige und systematische Witterungsaufzeichnungen vorgenommen. Wer die Anregung hiezu gegeben, wer der erste Beobachter gewesen, lässt sich nicht mit Sicherheit feststellen; wir werden aber nicht viel fehl gehen, wenn wir in den Bernoulli's, jenen Männern, die fast auf allen Gebieten der exakten Wissenschaft in unserer Vaterstadt ganz neues Leben hervorgerufen haben, auch die ersten Förderer der Meteorologie bei uns erblicken.

Um die Wende des 17. Jahrhunderts hatte Joh. Bernoulli in Gröningen jene Untersuchungen über das Leuchten des Quecksilbers im Barometer angestellt, die ihm bei seinen Zeitgenossen hohen Ruhm eintrugen, und seine Ernennung zum Mitgliede der Berliner Akademie veranlassten. Nach seiner Uebersiedelung nach Basel im Jahre 1705 war es wiederum das Barometer, das ihn oft und viel beschäftigte und zu dessen Vervollkommnung er eine sinnreiche einfache Einrichtung erfunden hatte.[2]) Während Joh. Bernoulli mehr die physikalische

---

1) In Scheuchzer's Beschreibung des Wetterjahres 1731, S. 7. 9. 24. Daselbst finden sich folgende Angaben über Barometerstände in Basel:

Juni	8.	26″ 10‴	
„	12.	27 2	
„	13.	27 2	} bei SE und NW.
„	16.	26 9	
„	17.	26 10	} bei NW und SE
„	24.	26 6½	
„	30.	26 5 „fast zu unterst"	

Sodann in Daniel Bernoulli's Diverses réflexions concernant la physique générale. Acta helvetica T. II. S. 112. 113. Als Extreme des Barometerstandes im März und April 1751 werden angeführt:
Höchster Stand am 27. März 27″ 8¼‴ (ca. 749.5 mm).
Niedrigster Stand am 14. März 26″ 9¼‴ (ca. 725 mm).
Endlich in Daniel Bruckner's Versuch einer Beschreibung historischer und natürlicher Merkwürdigkeiten der Landschaft Basel, Stück III. S. 276. 277, IV. S. 386, V. S. 578, finden sich Temperatur-Beobachtungen aus den Jahren 1748—1750. Diese sind abgedruckt in des Verfassers „Collectanea" S. 10. 11.

2) Vgl. Barometrum novum communi multo accuratius. Joh. Bernoulli, opera Tom. II. Nr. 98, p. 201.
Das Barometer besteht in seiner primitivsten Form aus einer U-förmig gebogenen Röhre, der eine Schenkel ist oben geschlossen und luftleer, der andere offen. Die Strecke, um welche das Quecksilber im geschlossenen Schenkel höher steht, als im offenen, dient als Mass für den Druck der Luft. Sind die beiden Schenkel gleich

Seite der Barometerbeobachtungen im Auge hatte, so wandte sich sein Sohn Daniel vorzugsweise den meteorologischen Vorgängen zu, welche dieses Instrument enthüllt.

Seit jenem berühmten Versuche, den Pascal's Schwager Périer am 19. Sept. 1648 auf der Spitze des Puy de Dôme angestellt hatte, waren die Physiker eifrig bestrebt, das Barometer zur Höhenmessung zu verwenden; alle Bemühungen um genaue Resultate scheiterten jedoch gänzlich an dem Umstand, dass sich die Barometerstände in verschiedenen Höhen durchaus nicht, wie die Theorie es verlangte, dem Gesetze der geometrischen Reihe fügten. Bernoulli zeigte nun aus den Beobachtungen von Bouguer und La Condamine in Peru, dass der Hauptgrund dieser Abweichungen in der Temperaturverschiedenheit der tiefen und hohen Luftschichten liege. Eine genaue Diskussion der Beobachtungen Scheuchzer's in Zürich und der gleichzeitigen Ablesungen des Paters Joseph da Sessa, Prior des Kapuzinerhospitium auf dem St. Gotthard, ergab, dass auch diese Ursache allein nicht im Stande sei, von den Tatsachen volle Rechenschaft zu geben, dass man vielmehr annehmen müsse, es dringen im Sommer noch besondere Gase in die untern Luftschichten ein, welche ebenso leicht, wie sie gekommen, wieder verschwinden könnten. Vermochte jene Zeit, da es ihr noch an jeglicher klaren Vorstellung über die Natur der Dämpfe gebrach, die Tragweite der von Bernoulli gewonnenen Erkenntnis auch nicht völlig zu würdigen, immerhin musste ihr der Wert regelmässiger Beobachtungen nun in ganz anderem Lichte erscheinen, und so sehen wir auch Vorurteile wie: »emolumentum et utilitatem tantis laboribus parem, huc usque non respondisse« [3]) jetzt rasch dahinschwinden.

Von einer barometrischen Höhenmessung, die Daniel Bernoulli im Basler Jura ausgeführt hatte, gibt er uns selbst eine hübsche Beschreibung,[4]) zugleich die Methode anschaulich entwickelnd. Nahe der Passhöhe des obern Hauensteins an der Wannenfluh liegen zwei Höfe, der eine auf Solothurner, der andere auf Basler Gebiet. Ein Brunnen war ursprünglich Grenze zwischen den beiden Kantonen Basel und Solothurn; dieser lieferte Wasser in die beiden Sennhäuser. Der Eigentümer der Solothurner Wannen hatte die Basler Wannen gepachtet; ehe er wieder von dieser wegzog, stopfte er die Leitung nach dem Basler Brunnen zu, hieb den Brunnenstock mit samt dem Basler Fähulein, das er trug, um und leitete alles Wasser in die Solothurner Wanne. Durch einen Vergleich vom 20. Juni 1600 wurde das Verfahren des Sennen missbilligt; aber der Streit über den Verlauf der Kantonsgrenze dauerte gleichwohl noch über anderthalb Jahrhunderte an. Endlich kam man überein, das streitige Gebiet ca. 35 Jucharten, meist Wald, zu teilen und beauftragte Daniel Bernoulli, gemeinsam mit den Ingenieuren Bruckner und Fechter die Vermessung[5]) des streitigen Landes vorzunehmen.

---

weit und es nimmt der Luftdruck um 1 cm. ab, so fällt das Quecksilber im geschlossenen Schenkel um ½ cm. und steigt um ebensoviel im offenen. Beim Bernoulli'schen Barometer ist der geschlossene Schenkel viermal so weit, als der offene, und letzterer, statt aufwärts gebogen, horizontal ausgestreckt. Sinkt der Luftdruck um 1 cm., so sinkt auch das Quecksilber im geschlossenen Schenkel um ebensoviel, im offenen fliesst es dagegen um 16 cm. weiter vor; es gestattet also das Bernoulli'sche Barometer weit kleinere Aenderungen des Luftdrucks zu erkennen, als das gewöhnliche. Zu genauen Messungen eignet sich jedoch dies Instrument nicht, weil die horizontale Röhre, um das Eindringen von Luft zu hindern, ziemlich eng sein muss und dadurch die freie Beweglichkeit des Quecksilbers hemmt.

3) Vorrede Respinger's zum 3. Bande der Acta helvetica.

4) in Bruckners Merkwürdigkeiten Stück XIII, S. 1531—1539.

5) Die hierauf bezüglichen Pläne befinden sich im Archiv der Basellandschaftlichen Baudirection in Liestal, nämlich:

A. 56. Ein Plan von Jakob Meyer aus dem Jahre 1666 mit handschriftlicher Beschreibung der Grenzversetzung durch den Pächter der Basel-Wannen, und

A. 57. Grundriss über die Wannenfluh von J. J. Fechter 1755 in zwei Exemplaren, worin die zur Grenzberichtigung ausgeführten Messungen eingetragen sind.

Weiteres Material über diesen Grenzconflict enthält das der hiesigen Universitätsbibliothek von Herrn LaRoche-Passavant geschenkte Notizbuch „Grenzen" des Trib. Buxtorf.

Am 13. Mai 1755 reiste Daniel Bernoulli mit den Genannten über Waldenburg nach Langenbruck und von da folgenden Tags nach der Wannenfluh, an diesen Orten jeweilen die Höhe des Barometers messend. Er fand: Barometerstand in Basel bei der Abreise 27″

>   »   Waldenburg   25″ 8‴
>   »   Langenbruck   25″
»   auf der Wannenfluh 23″ 11¾‴

und berechnet daraus die Höhenunterschiede, wie folgt:

Basel-Waldenburg   1280 Schuh = 416 m (265 m)
Waldenburg-Langenbruck   672 »   = 218 m (165 m)
Langenbruck-Wannenfluh   1078 »   = 350 m (343 m)

Wie man aus den in Klammern beigefügten, der Siegfriedkarte entnommenen wirklichen Unterschieden sieht, sind die Resultate nicht eben sehr genau, was nicht zu verwundern, da die Temperatur gänzlich unberücksichtigt geblieben. Interessant ist uns die Bemerkung Bernoulli's, »dass die Mittelhöhe des Barometers sei in Basel 27″, in Strassburg 27″ 6‴ und in Amsterdam 28″. Hieraus erfolgt, dass wenn man eine Höhe von 77 Schuh annimmt, um das Barometer eine Linie fallen zu machen, so sei Basel höher als Strassburg 462 Schuh (= 150 m) und Strassburg höher als Amsterdam ungefähr ebensoviel. Wenn wir ferners hiebei die Entfernung von Amsterdam bis Strassburg, von Strassburg bis Basel und von Basel bis Waldenburg, allwo eigentlich das bergige Schweizerland anfängt, in Betrachtung ziehen und daraus ausrechnen, wie gross die mittlere Steigung des Weges sei von einem Ort auf den andern, so findet man für jede 1000 Schuh Weges von Amsterdam bis Strassburg ungefähr 3 Zoll, von Strassburg auf Basel 1 Schuh 2 Zoll, von Basel auf Waldenburg ungefähr 14 Schuh, woraus man siehet, wie die Natur das Erdreich von dem Meer bis an den Ort, wo die Schweizer Gebirg ihren Anfang nehmen, nach und nach sich mehreres erhebet.«

Daniel Bernoulli's Anregung ist es wohl hauptsächlich zu verdanken, dass Lambert, der schon früher in Chur regelmässig beobachtet hatte, seine Aufzeichnungen wieder aufnahm, und in seiner Vaterstadt wusste Daniel Bernoulli, den ihm durch Bande des Bluts wie durch geistiges Streben verwandten d'Annone zur Uebernahme derselben Aufgabe zu gewinnen.

---

2. d'Annone's Beobachtungen.

Joh. Jak. d'Annone, Doktor der Rechte, später Professor der Eloquenz, begann seine Beobachtungen mit dem Juli 1755 und setzte sie bis zum 16. September 1804, zwei Tage vor seinem Tode, also ein volles halbes Sæculum hindurch, so zu sagen ununterbrochen fort. Dreimal täglich, des Morgens, Mittags und Abends, wurde der Stand von Barometer und Thermometer notirt, und einmal die Windrichtung und der Zustand des Himmels beigeschrieben. Bei allen Aufzeichnungen ist genau die Tagesstunde angegeben und zwar nach alter Basler Zeit, die stets der übrigen Welt um eine Stunde voraus war. Die Beobachtungsstunden waren anfänglich 7 Uhr od. 8 Uhr Vorm., 2 Uhr und 8 Uhr Nachm., vom 26. Febr. 1780 bis 16. Sept. 1804 7 Uhr Vorm., 3 Uhr und 7 Uhr Nachm. alter Basler Uhr. D'Annone beobachtete in seinem Hause auf dem Heuberg (jetzt Nr. 16), gegenüber dem Spiesshof, im höchsten Teile der Stadt. Sein Thermometer hieng vor einem nach Norden gelegenen Fenster des ersten Stocks in freier Luft und so, dass es das steinerne Gesimse nirgends berührte. Es war ein Weingeist-thermometer nach Micheli du Crest;[6]) die Kugel hatte einen Durchmesser von 11 Pariser

---

6 Ueber Micheli Du Crest und seine Thermometer siehe die ausführliche Darstellung bei Graf, Geschichte der Mathematik und der Naturwissenschaften in bernischen Landen. 3. Heft, 2. Abteilung. Bern und Basel 1890. besonders S. 177 ff.

Der Nullpunkt der Scale von Du Crest liegt bei etwa 12° C., d. h. jener Temperatur, die Jahr ein Jahr aus sich gleichbleibend in den Kellern des Pariser Observatoriums herrscht, und die Du Crest, weil er irrtümlich glaubte, man könne sie an jedem Orte der Erde in gehöriger Tiefe im Boden leicht wieder finden, das „Tempéré

4

Linien. Den **Luftdruck** bestimmte d'Annone mit einem guten Barometer, dessen Röhre eine innere Weite von $1^3/_4$ Pariser Linien hatte. Die Scale war in Pariser Zoll und Linien eingeteilt. Zur Ablesung der **Windrichtung** diente die von d'Annone's Fenster aus sichtbare Fahne auf dem Egolphsturm, dem jetzt nicht mehr vorhandenen Schwibbogen, welcher den Spalenberg gegen die Gräben abschloss.[7]

Das Original der d'Annone'schen Beobachtungen ist gegenwärtig im Besitze unserer öffentlichen Bibliothek. Einige Jahrgänge sind in den Acta helvetica[8] publizirt und ahmen mit ihrer schönen typographischen Ausstattung die musterhafte Form und Sauberkeit des Originals nach. Später sind diese Beobachtungen in Centigrade und Millimeter umgerechnet und die daraus abgeleiteten Tages-, Monats- und Jahres-Mittel in den schweizerischen meteorologischen Beobachtungen veröffentlicht worden.

Welchen Grad von Zuverlässigkeit d'Annone's Beobachtungen besitzen, lässt sich a posteriori nicht leicht feststellen; denn von den Instrumenten ist nichts mehr vorhanden; es scheinen dieselben von den spätern Besitzern in gleicher Weise angesehen worden zu sein, wie die Bernoulli'schen Barometer- und Thermometer-Röhren von diesem selbst: »brüchige Instrumente, deren keine genaue Rechenschaft kann getragen werden.«[9] Zudem ist es sehr wahrscheinlich, dass mit dem Jahre 1772 ein Thermometer in Gebrauch kam, dessen Nullpunkt etwa ein Grad höher als beim frühern lag.[10] Die Ablesungen hat d'Annone meist mit grosser Gewissenhaftigkeit persönlich ausgeführt; indess brachte doch Prof. Daniel Huber von d'Annone's alter Magd in Erfahrung, dass öfters, wenn ihr Herr ausgegangen, sie die Ablesung besorgt und in beneidenswertem Gedächtnisse aufbewahrt habe, bis d'Annone nach Hause gekommen und die Zahlen selber aufgeschrieben habe.[11] Der Beobachtungsort blieb die ganze Zeit hindurch derselbe, einzig in einigen Sommern wurde die Station für kurze Zeit in ein Dorf in Basel's nächster Umgegend verlegt, so

1761 vom 20. Juli bis 14. Sept. nach Muttenz.
1765 » 18. Aug. » 3. » » Pratteln
1784 » 17. Juli » 28. Aug. » Muttenz.

Von allen Aufzeichnungen d'Annone's verdienen jedenfalls die Witterungsnotizen und Windbeobachtungen das grösste Zutrauen, indem hier die günstigsten Bedingungen, ein aufmerksamer, zuverlässiger Beobachter und eine leicht bewegliche sehr hoch und frei gelegene Wetterfahne vorhanden waren. Diese Windbeobachtungen erlangen dadurch noch um so mehr

---

du globe« genannt hat. Du Crest's Scale erfreute sich bei den alten Baslern einer grossen Beliebtheit; zum Teil gewiss wegen der Güte jener Instrumente, wohl nicht weniger auch darum, weil jenes Thermometer die Wärme- und Kältegrade an derselben Stelle scheidet, wo auch unser Gefühl es tut, während es sicherlich ein Euphemismus ist, bei $-5°$ Reaumur z. B., wo man schon ordentlich friert, noch von Graden der Wärme zu reden.

7) d'Annone in Acta helv. T. III, p. 401.

8) Acta helvetica T. III, p. 401—433. Beob. von 1755 Juli 1 bis Dec. 31 nebst den Monats-mitteln des Barometerstandes. Ferner Beob. von 1756 Jan. bis Dec. Daneben sind die gleichzeitigen Beobachtungen von Gagnebin in „la Ferrière" im Berner Jura abgedruckt.
T. IV, p. 365—411, Beob. von 1757, Jan.—Dec. mit den gleichzeitigen von Gagnebin.
T. V, p. 412—423, Beob. von 1759, Jan.—Dec.
T. VI, p. 211—252, Beob. von 1767, Jan.—Dec.

9) Unter dieser Anschrift sind die Barometer- und Thermometer-Röhren in dem von Daniel Bernoulli unterzeichneten offiziellen Katalog der physikalischen Sammlung vom Jahre 1757 aufgeführt.

10) Trägt man für sämmtliche Beobachtungsjahre die mittlern Jahrestemperaturen graphisch auf, so sieht man die so erhaltene Curve vom Jahr 1772 an eine ungefähr $1°$ C. höhere Lage einnehmen.

11) Nach einer handschriftlichen Notiz Huber's, welche den d'Annone'schen Originalbeobachtungen beigelegt ist.

Wert, dass in den 30er Jahren Ratsherr P. Merian eine Reihe vergleichender Beobachtungen an der d'Annone'schen Fahne auf dem Spalenturm und einigen andern Windfahnen der Stadt angestellt hat.[12]

Die d'Annone'schen Barometerstände sind jedenfalls sämmtlich zu tief. Eine Vergleichung seiner Angaben mit den gleichzeitigen Beobachtungen von F. J. Helg in Delsberg (1803—1804) und des Endes dieser Reihe (1826—1832) mit den spätern genauen Beobachtungen von Ratsherrn P. Merian ergibt:

	Unterschied des Barometerstandes in Basel und Delsberg	
	Barometer d'Annone — Helg 1803 Januar bis 1804 Juni	Barometer P. Merian — Helg 1826 bis 1832
Winter	1.89 mm.	5.01 mm.
Frühling	1.75	4.09
Sommer	2.20	3.46
Herbst	2.08	4.47
Jahr	1.98 mm.	4.26 mm.

D'Annone's Barometer zeigte also, wenn das Instrument von Helg immer dasselbe geblieben, mindestens 2.3 mm. zu tief. Ein noch grösserer Unterschied geht aus der Vergleichung der mittlern Barometerstände der vollständigen Beobachtungsreihen hervor, wie die folgende auch die frühern Beobachtungen berücksichtigende Tabelle zeigt. Es beträgt nämlich der mittlere Barometerstand in Basel nach:

J. J. Scheuchzer	726.7 mm.	[13]
Daniel Bernoulli	731	[14]
d'Annone	732.38	[15]
P. Merian	737.86	[16]

Ein kleiner Theil dieses Unterschiedes, sowie auch das sommerliche Minimum 3.46 der Korrektion für Delsberg, mag sich daraus erklären, dass einzig die Merian'schen Beobachtungen auf die Temperatur 0° reduzirt sind; dagegen kann das hügelige Terrain unserer Stadt keinen Einfluss gehabt haben, da die Station, auf welche sich das höchste Barometermittel bezieht, nur wenige Meter tiefer als die d'Annone'sche und mindestens ebenso hoch als die übrigen liegt.

Weniger leicht ist die Zuverlässigkeit der Temperaturangaben zu bemessen. Herr Prof. F. Burckhardt[17] hat aus d'Annone's Beobachtungen als Mittel für die ersten 17 Jahre berechnet:

für	1755—1771	9.9° C.
»	1772—1787	10.7
»	1788—1803	10.25

während eine andere, gleich zu besprechende Beobachtungsreihe von Dr. Abel Socin nach einer Berechnung von Ratsherrn P. Merian[18] als Mittel der Jahre 1784—1799 9.6° C.

12) Berichte der naturforschenden Gesellschaft zu Basel 2, 1835, S. 59 ff.
13) Daniel Bernoulli Hydrodynamica Sect. X, § 22, S 243, nämlich 26″ 10½‴ Pariser Mass.
14) Bruckner's Merkwürdigkeiten, Stück XIII, S 1531—39 nämlich 27″.
15) Schweiz. Meteor. Beob. Bd. VII, S. 49.
16) Schweiz. Meteor. Beob. Bd. V, S. 41.
17) F. Burckhardt. Ueber die physikalischen Arbeiten der Societas physica etc. helvetica 1751—1787. Festrede gehalten bei der Feier des 50jährigen Bestehens der naturforschenden Ges. in Basel. 1867. S. 23.
18) Ibidem.

6

ergibt. Ebenso führen die Beobachtungen Helg's zu dem Resultat, dass das Tages-Mittel der Temperatur in Basel dasjenige Delsbergs zu d'Annone's Zeit um 1.74° mehr übertreffe als zur Zeit der Merian'schen Beobachtungen. Es beträgt nämlich der Ueberschuss der mittlern Basler Tagestemperatur über die von Delsberg:

	Thermometer d'Annone — Helg 1802 bis 1804	Thermometer P. Merian — Helg 1826 bis 1832
Winter	2.39° C.	0.97° C.
Frühling	2.83	0.88
Sommer	3.61	0.98
Herbst	1.43	0.44
Jahr	2.56° C.	0.82° C.

Differenz 1.74° C.

Dass diese Unterschiede lediglich der Verschiedenheit der Beobachtungstermine (d'Annone 6—7, 1—2, 6—7 Uhr, P. Merian 7, 12, 9½ Uhr) entstammen, ist kaum denkbar. vielmehr weisen sie übereinstimmend auf einen konstanten Unterschied in den Instrumenten hin (vergl. Note 10).

Obschon demnach der d'Annone'schen Beobachtungsreihe einige Mängel anhaften, so bleibt dieselbe doch für die Ermittlung einer Anzahl klimatologischer Fragen [19], von grossem Werte dadurch, dass sie sich über einen so langen Zeitraum lückenlos erstreckt, und uns sorgfältig gesammelte Wahrnehmungen aufbewahrt aus einer Zeit, da überhaupt nur spärlich und in der Schweiz noch gar nie in solchem Umfang beobachtet worden ist.

---

3. Andere Beobachtungsreihen aus dem 18. Jahrhundert.

Ausser den d'Annone'schen Beobachtungen besitzen wir noch eine ganze Reihe von weniger vollständigen Witterungsaufzeichnungen aus ungefähr derselben Zeit. Die älteste rührt von dem berühmten Arzte Joh. Rud. Zwinger her; er scheint ein regelmässiges meteorologisches Tagebuch geführt zu haben. Ein Auszug aus demselben diente zur Ergänzung der d'Annone'schen Beobachtungen für die sechs ersten Monate des Jahres 1755; [20] ausserdem hat Zwinger selbst eine Uebersicht der Witterung und der vorherrschenden Krankheiten für die Jahre 1755 und 1759 publiziert. [21]

Aus den Jahren 1766 Jan. 1. bis 1772 Dez. 31. besitzt unsere Bibliothek ein regelmässig geführtes Register von Joh. Heinrich Ryhiner, Med. Dr., Professor der Ethik und der Rechte und Bibliothekar. Die Beobachtungen umfassen dreimal tägliche Ablesungen des Barometers und Thermometers (Morgens 7—8 Uhr, Nachmittags und Abends 10—11 Uhr), ferner der Windrichtung und des Wetters. Dazu finden sich viele Bemerkungen über Regengüsse,

---

19. Vgl. des Verfassers Schrift: „Die Niederschlags-Verhältnisse von Basel". Denkschriften der schweiz. naturforsch. Gesellschaft Bd. XXXII, 2, 1891, sowie: „Resultate aus 112jährigen Gewitteraufzeichnungen in Basel."-Verhandlungen der naturforsch. Ges. zu Basel Bd. VIII, S. 802—820, 1889 und: „Die unperiodischen Witterungserscheinungen auf Grund 111jähriger Aufzeichnungen der Niederschlagstage." Verhandlg. Bd. IX, S. 63—77, 1890.

20) Manuskript der d'Annone'schen Beobachtungen.

21) Acta helvetica Tom. III, p. 295—321, Diarium physicomedicum anni 1755 und Acta helv. Tom. IV, p. 337—350, Diarium nosologicum, basil. anni 1759.

Gewitter, Getreidepreise und nosologische Notizen. Ryhiners Thermometer muss etwas niedriger gezeigt haben als das d'Annone'sche. Das Thermometer war an einem Fensterstein seiner Amtswohnung in dem der ältern Generation noch wohl erinnerlichen Schönauerhofe an der Rittergasse, auf dem heute von der Realschule eingenommenen Areale, in freier Luft befestigt und trug offenbar Du Crest's Scale.

Von 1777 April 5. bis 1785 Mai 31. beobachtete Prof. Daniel Wolleb, Dr. Phil. und Med., ebenfalls dreimal täglich (7—8, 2—3, 11 Uhr, alte Basler Zeit) die Lufttemperatur mit einem Du Crest'schen Thermometer und einmal täglich den Barometerstand. Welche Sorgfalt auf die Registrierung dieser Beobachtungen verwendet wurde, mag man daraus entnehmen, dass die Temperaturen über »tempéré« mit schwarzer, die darunter mit roter Tinte zierlich eingeschrieben sind.

Besondere Beachtung verdienen die Aufzeichnungen von Dr. Abel Socin. Nicht nur sind dieselben einem eigentlich fachwissenschaftlichen Interesse entsprungen, während die meisten andern mehr dem ärztlichen Berufe der Beobachter ihre Entstehung verdankten, sondern sie sind auch mit Instrumenten gewonnen worden, die jedenfalls jeden andern damals in unsrer Stadt vorhandenen Apparat an Güte weit übertrafen.[22] Socin beobachtete vom 1. Juni 1785 bis 31. Dez. 1796 täglich einmal meistens um 9 Uhr Morgens nach alter Basler Zeit (also 8 Uhr a. M.) Barometerstand, Lufttemperatur und Witterung. Die Beobachtungen sind im Offenburger Hofe (Petersgasse 40) im ersten Stock angestellt und auf einzelne Kärtchen geschrieben. Später wurden sie von Prof. Huber in ein Heftchen zusammengetragen. Original und Copie befinden sich auf der hiesigen Bibliothek, ebenda finden sich auch einige hübsche graphische Darstellungen der gleichzeitigen Barometerstände in Berlin, Frankfurt a.M., Würzburg und Anspach.

An diese regelmässigen Beobachtungen reihen sich gelegentliche Notizen, bisweilen auch einige Tage hindurch ununterbrochen einmalige oder dreimalige Aufzeichnungen von Prof. de Lachenal aus den Jahren 1766, 1775—91 und 1795, ferner tägliche Barometerstände und Temperaturen von Scholer aus dem Jahre 1786. Diese sind in einen Rosins-Kalender jenes Jahres eingeschrieben, unmittelbar neben die Wetterprophezeiung, so dass man gleich sieht, was letztere wert ist. Endlich verdienen noch einige kurze Notizen von Fiscal J. Rud. Burckhardt von 1825 Sept. bis 1827 Sept. der Erwähnung. Die Manuskripte all dieser Aufzeichnungen werden auf der öffentlichen Bibliothek aufbewahrt.

In Basels Umgebung war es Pfarrer Bavier in Waldenburg, welcher von 1776—90 dreimal täglich Luftdruck, Temperatur und Witterung notierte; seine Aufzeichnungen weisen aber hin und wieder erhebliche Lücken auf. Sein Barometer war nicht ganz luftleer; das Thermometer mit Du Crust's Scale war jedenfalls ein gutes Instrument, verfertigt von dem dem Beobachter verwandten Künstler gleichen Namens. Wahrscheinlich liess aber die Aufstellung zu wünschen übrig, so dass es nicht genügend vor den direkten Sonnenstrahlen geschützt war.

In den Jahren 1809 und 1812 zeichnete Pfarrer Carl Ulrich Stückelberger in Reigoldswil tagtäglich bei Sonnenaufgang, Mittags 2 Uhr und Abends 10 Uhr, den Barometerstand, die Wärme der Zimmer- und der freien Luft, Windrichtung, Wolkenzug, Aussehen des Himmels, Niederschläge und sonstige Begebenheiten auf, führte also ein recht vollständiges meteorologisches Journal.

---

[22] Nach brieflicher Mitteilung des Grosssohnes von Dr. Abel Socin, Ratsherrn P. Merian. Vgl. auch: P. Merian: Uebersicht des Zustandes unserer Kenntnis der Naturkunde des Kantons Basel. Einladungsschrift zur Promotionsfeier des Pädagogiums 1826. S. 7.

Ungefähr um dieselbe Zeit, da bei uns das Interesse an meteorologischen Beobachtungen mächtig erwacht war, begannen auch in unserer Nachbarstadt Mülhausen mehrere Beobachtungsreihen, so die von H a r t m a n n im Jahre 1757, von H e i l m a n n 1759, von Dr. R i s l e r 1769. Weitaus am wertvollsten sind aber die Aufzeichnungen, die D a n i e l M e y e r , Postdirektor in Mülhausen und später Präfekt daselbst, zuerst aus eigenem Antrieb, dann in Verbindung mit der Société et Correspondence royale de Médecine in Paris und mit den Instrumenten dieser Gesellschaft von 1777—1824 durchgeführt hat. Ausser den regelmässigen Beobachtungen von Barometer, Thermometer, Wind und Witterung sammelte Meyer sehr viele Wahrnehmungen über Nordlichter, Erdbeben, Nebensonnen, Zodiakallicht, periodische Erscheinungen aus dem Pflanzen- und Tierreich und verarbeitete sein Material zu hübschen Monatsübersichten mit zahlreichen Rückblicken auf die Witterung vergangener Jahre. Auch Regenmessungen besitzen wir von ihm und zwar aus den Jahren 1778—1794. Sein handschriftlicher Nachlass, welcher durch seinen Schwiegersohn, den frühern Staats-Archivar K r u g, in den Besitz der öffentlichen Bibliothek gelangt ist, und die kleinen jährlich im Druck erschienenen Beobachtungsresultate zeugen ausserdem von einer unermüdlichen Tätigkeit auf dem Gebiete der Statistik, der Topographie und philanthropischer Bestrebungen. Diese Beobachtungen Meyers sind es, welche Ratsherrn P. Merian das Material zu seinen Vergleichungen der Wind- und Regenverhältnisse Basels und Mülhausens geliefert haben.[23] In neuerer Zeit sind aus den Meyer'schen Beobachtungen die Tagesmittel nach den jetzt üblichen Maassen berechnet und veröffentlicht worden.[24]

Endlich sind hier die oben schon benützten Beobachtungen von F. J. H e l g in D e l s b e r g anzuführen; sie umfassen, allerdings mit manchen Unterbrechungen, die Jahre 1802—1832 und sind in ähnlicher Weise wie die Meyer'schen Beobachtungen neuerdings allgemein zugänglich gemacht worden.[25]

4. Beobachtungen von Daniel Huber.

Durch den Tod d'Annone's erlitt das regelmässige Beobachtungsjournal unserer Stadt eine bedauernswerte Unterbrechung, indem der einzige, der damals seine Ablesungen an den meteorologischen Instrumenten aufzuzeichnen pflegte, leider gar wenig Gewicht auf die Innehaltung bestimmter Stunden legte. Es mag hierzu der allgemeine Zustand der meteorologischen Wissenschaft von damals nicht wenig beigetragen haben ; die Hoffnung, aus geordneten Beobachtungsregistern leicht zu weit tragenden Resultaten zu gelangen, war von den meisten gänzlich aufgegeben, und damit die kräftigste Triebfeder, welche den Meteorologen über all die vielen kleinen Unannehmlichkeiten geregelter Beobachtung hinweghob, lahm gelegt. Dazu kam noch, dass Huber von seinen Freunden nichts weniger als aufgemuntert wurde; schrieb ihm doch der bekannte Astronom Bode: »Die Meteorologie ist für mich ganz und gar nicht eine Wissenschaft, da nach meiner Ueberzeugung alle Bemühungen, Regeln über den Wit-

23) Berichte über die Verhandlungen der naturforschenden Gesellschaft zu Basel, Teil II, S. 59 und Teil VI, S. 27. Ferner Verhandlungen der naturf. Ges. zu Basel, Bd. I, S. 299.

24) Schweizerische meteorologische Beobachtungen, Supplementband S. 50—93. Zu bemerken ist, dass die freie Aufstellung des Barometers eine nachträgliche Reduktion des Barometerstandes auf 0° C. ermöglichte.

25) Schweizerische meteorologische Beobachtungen. Bd. VI, S. 512—517. 614—617. Bd. VII, S. 16—48. 96—101. 148—153. 190—205. 252—257. 351—361. 408—465. 512—513

terungsverlauf und über Lufterscheinungen festzusetzen, vergeblich sind etc.« ·') Wenn nun auch die von Huber uns hinterlassenen Notizen zu klimatologischen Zwecken kaum können verwertet werden, so enthalten doch die neun Quartbände, in denen seine Aufzeichnungen aufgespeichert sind, gar manche interessante Wahrnehmung allerhand ausserordentlicher Erscheinungen, wie gleich noch des nähern soll hervorgehoben werden.

Huber's Instrumente waren in seinem Hause zur Eich in der Albanvorstadt Nr. 1327, jetzt Mühleberg Nr. 3 aufgestellt. Ein Thermometer hieng vor dem Fenster seines Schlafzimmers gegen den Rhein, ein anderes vor seinem Arbeitszimmer, beide waren nach Du Crest geteilt. Das Phiolenbarometer mit einer oben sich erweiternden Röhre, das während mehr als 40 Jahren (1784—1829) zu den Beobachtungen gedient hatte, trug eine von Huber selbst verfertigte Scale in Pariser Maass. Als Huber zum Bibliothekar unserer öffentlichen Büchersammlung ernannt worden war, verlegte er am 11. Mai 1802 die Station in seine neue Amtswohnung im Schönauerhofe. Ausser dem vorhin erwähnten Barometer wurde häufig noch ein anderes mit dem erst genannten einmal genau verglichenes Instrument benützt und in den letzten Jahren kam noch ein Barometer von Oeri hinzu, wie solche für die von der schweizerischen naturforschenden Gesellschaft Ende der zwanziger Jahre angeregten Beobachtungen zur Benutzung gelangten.

Hubers Beobachtungen erstrecken sich über Barometerstand, Temperatur, Windrichtung, Bewölkung und den Witterungscharakter im allgemeinen. Gewöhnlich wurde eine Beobachtung Morgens zwischen 6 und 8 Uhr, eine zweite um Mittag und eine dritte Abends zwischen 6 u. 8 Uhr angestellt. Wie schon gesagt, wechseln leider die Beobachtungsstunden sehr stark. Manchmal sind die Ablesungen von halber zu halber Stunde wiederholt, manchmal fehlen sie Wochen, ja Monate lang gänzlich. Auch einige magnetische und hygrometrische Beobachtungen wurden angestellt. Am wertvollsten sind die Notizen über Nordlichter, deren z. B. vom 1. Mai 1784 bis zum 1. Mai 1785 nicht weniger als 13 gezählt wurden, dann über Erdbeben und sonstige ausserordentliche Ereignisse, die alle mit grosser Sorgfalt und Genauigkeit zusammengetragen sind. Für die Zeiten, da wirklich beobachtet worden ist, lässt sich aus den Huber'schen Daten der Verlauf der Witterung mit aller wünschbaren Genauigkeit feststellen: so besitzen wir z. B. für die Jahre 1786 und 1787 ziemlich vollständige Register, hier sind auch die Barometerstände und Temperaturen übersichtlich zusammengestellt. Ein grosses Interesse haben ferner die Temperaturbeobachtungen während des strengen Winters 1788/89. Als Huber im Juni 1789 in's Baselbiet reiste, bemerkte er, wie überall in den Tälern die Obstbäume, namentlich die Nussbäume erfroren waren; je mehr er aber in die Höhe kam, um so weniger erfrorene Bäumen begegnete er, und auf den Höhen selbst z. B. beim Dietisberg hatten sie gar keinen Schaden genommen, eine Erscheinung, die sich allenthalben in unserer Umgebung im Winter 1879/80 wiederholte.[27] Im Sommer 1789 scheinen ähnlich wie nach dem letzten kalten Winter (1879/80), wo im Juli doppelt so viel Gewitter vorkamen, als nach dem Durchschnitt zu erwarten waren, ebenfalls mächtige Gewitter eingetreten zu sein. Während eines

26) Wolf. Biographien zur Kulturgeschichte der Schweiz. Bd. I, S. 451.

27) Aehnliches bemerkte schon Joh. Jak. Scheuchzer in dem kalten und lang dauernden Winter von 1730—31. In seiner „Beschreibung des Wetterjahres 1731, besonders aber des traurigen Himmels, der ob unsern Häuptern geschwebet den 1. Hornmonat, auf die Erfahrung und Vernunft gegründet, Zürich 1732," sagte er S. 2 u. 3: „Auf denen höchsten Alpgebirgen, da sonst der rauhe Winter auch des Sommers seinen Sitz hat, spürte man eine ungewohnt gelinde Witterung, da hergegen unsere flacheren Lande mit Schnee hoch bedeckt lagen und die scharfen Nord- und Ost- oder Biswinde so eine grosse Kälte gebracht, ja selbst die sonst milden Föhnwinde selbige verdoppelt, als welche anders nichts gewesen als von den Alpenspitzen zurückgetriebene Nordoder Ostwinde."

derselben, am 11. Aug. 1789, zählte Prof. de Lachenal Abends zwischen 9½ und 10 Uhr
binnen fünf Minuten über 200 Blitze auf dem nämlichen Fleck des Himmels; das übertrifft
alles in den letzten Jahren erlebte bedeutend, indem z. B. während des heftigsten der 1880er
Gewitter am 8. Sept. nur 63 Blitze binnen einer Viertelstunde gezählt worden.

Diese Beispiele werden genügen, um ein ungefähres Bild von der Mannigfaltigkeit der
Huber'schen Aufzeichnungen zu geben, und es kann dasselbe das Bedauern nur erhöhen, dass die
Gewissenhaftigkeit und die Sorgfalt, mit der jeder Umstand erwähnt wird, der den Wert einer
Beobachtung herabzumindern im Stande wäre, nicht einem regelmässigen Beobachtungsjournale
zu Gut gekommen sind. Wenn aber auch die Früchte, die Hubers Fleiss gesammelt hat,
nicht geeignet sind, um heute eine neue erspriessliche Saat daraus aufgehen zu lassen, so hat
er dafür um die Pflege der Wissenschaft in unserer Vaterstadt ein um so grösseres Verdienst
sich erworben, indem er unsere naturforschende Gesellschaft in's Leben rief, die nun unter
glücklicheren Verhältnissen und auf viel umfassenderem Gebiet die Pläne ihres Gründers und
ersten Präsidenten verwirklicht hat und immer weiter zu führen bestrebt ist.

II. Genaue Beobachtungen.

I. Die Anregung durch die schweizerische naturforschende Gesellschaft.

Nachdem im Jahre 1807 die Tagsatzung die Korrektion der Linth genehmigt hatte, stellte Joh. Conrad Escher mehrere Pegel im Wallenstadtersee und in der Linth auf, und sorgte gleichzeitig für die Anstellung meteorologischer Beobachtungen. Mehrmals versuchte er durch seine Darlegung des Zusammenhangs der meteorologischen Erscheinungen mit den Wasserständen in der Limmat das Interesse der schweiz. naturforschenden Gesellschaft für meteorologische Beobachtungen zu erwecken, ohne jedoch damit durchzudringen, und auch die gewichtigen Worte eines der Gründer der Gesellschaft, Prof. Chavannes[28]) aus Lausanne, der hauptsächlich die Förderung der Klimatologie im Auge hatte, brachten vorderhand noch wenig Erfolg. Im Jahre 1823 wurde in Preussen ein barometrisches Nivellement zwischen Berlin, Cuxhafen an der Nordsee und Greifswald an der Ostsee beabsichtigt, und der bekannte Physiker Poggendorff, damals noch Studiosus philosophiæ, bewährte schon seinen unermüdlichen Sammeleifer, indem er um freiwillige Beobachter warb. Dieses Vorgehen fand auch in der Schweiz Nachahmung, und noch im nämlichen Jahre, nachdem bei der Versammlung in Aarau der Festpräsident Bronner von neuem auf die vielen offenen Fragen, die nur durch sorgfältige an verschiedenen Orten gleichzeitig und in übereinstimmender Weise unternommene Beobachtungen könnten gelöst werden, mit allem Nachdruck hingewiesen hatte, beschloss die schweizerische naturforschende Gesellschaft auf Antrag Marc Auguste Pictet's von Genf, sowohl die kantonalen Gesellschaften als die einzelnen in den verschiedenen Gegenden der Schweiz zerstreuten Mitglieder einzuladen, sich mit Barometermessungen der vorzüglichsten in ihrer Nähe vorkommenden Berg- und Hügelhöhen, mit Angabe der Strömungen ihrer Flüsse, und zugleich mit Auffassung geologischer und mineralogischer Eigenheiten ihrer Gegenden zu beschäftigen. Diesem Vorschlag wird auf Antrag einiger Mitglieder die Erforschung der mittleren Temperatur der Standorte und die Anstellung noch andrer meteorologischer Beobachtungen beigefügt, sowie auf de Candolle's Wunsch das Studium einer Anzahl forstwirtschaftlicher Fragen. Zu diesem Behufe wurde eine Kommission gewählt, bestehend aus Pictet, de Candolle, Trechsel, Horner, Kasthofer, Ebel und Zschokke, welche sich vorläufig zu beraten, ihre Gedanken der Gesellschaft vorzulegen und die Beobachtungen in Gang zu bringen hatte.[29a]) Der Kommission wurde ein Kredit von Fr. 800 erteilt und die Vollmacht, mit den Kantonsregierungen in Verbindung zu treten.[29b]) Durch Pictet's Tod erlitt das Unternehmen

28) Vgl. Verhandlungen der schweiz. naturforsch. Gesellschaft 1818, S. 13.

29a) Verhandlungen der schweiz. naturforsch. Gesellschaft 1823, S. 31.

29b) Ibidem, S. 13.

eine unerwartete Verzögerung, so dass erst im Jahre 1825 die Kommission der Versammlung bestimmte Vorschläge unterbreiten konnte. Dieselben giengen dahin, das gar zu weit greifende ursprüngliche Programm auf die Anstellung barometrischer Beobachtungen zum Zwecke von Höhenbestimmungen zu beschränken und solche mit genau verglichenen und von der Gesellschaft zu beschaffenden Instrumenten gleichzeitig an zwölf Orten der Schweiz anstellen zu lassen und zwar in Aarau, Basel, Bellinzona, Bern, Chur, St. Gallen, Genf, Lausanne, Luzern, Schaffhausen, Solothurn und Zürich, wo sich bereits bewährte Männer zur Besorgung der Beobachtungen bereit erklärt hatten.[30]) Später kamen dann noch Bevers im Oberengadin und Konstanz hinzu.

Diese Beobachtungen sollten, wie gesagt, in erster Linie dazu dienen, die Höhenunterschiede zwischen den genannten Orten so sicher wie möglich festzustellen, um zunächst eine Anzahl von Fixpunkten zu liefern, an welche dann detaillirtere barometrische Nivellements der Schweizer Seen, Flüsse, Berge und Täler sich anschliessen sollten. Um das zu dem genannten Zwecke unentbehrliche Material zu beschaffen, sollten täglich dreimal und an allen Stationen zur gleichen Stunde Barometer und Thermometer abgelesen werden; die letztern Beobachtungen könnten überdiess zur Ableitung der mittleren Jahrestemperatur der Beobachtungsorte benützt werden, doch wurden solche, wie andere meteorologische Untersuchungen, nur als bei- und untergeordnete Zwecke der Unternehmung angesehen. Weit mehr Gewicht wurde auf solche, im allgemeinen Programm nicht enthaltene Beobachtungen gelegt, welche zur Prüfung und Vervollkommnung der Theorie der barometrischen Höhenmessung dienen könnten.[31])

Wie wir sehen, war es ein durchaus praktisches, die Ziele der wissenschaftlichen Meteorologie nur leicht berührendes Interesse, das hiebei verfolgt wurde, und es hatte allen Anschein und war auch an den meisten Orten wirklich der Fall, dass die Meteorologie selbst nur geringen Vorteil aus diesen Arbeiten ziehen würde. In Basel dagegen gelangte die Sorge für die Beobachtungen in so glücklich und unermüdlich tätige Hand, dass alsbald im Laufe des folgenden Jahrzehnts ein Schatz von wohl verbürgten und mit aller Umsicht gesammelten meteorologischen Tatsachen zusammenkam, so reich, wie ihn keine andere Schweizerstadt besitzt. Gleichsam als erste Frucht gieng daraus die genaue Bestimmung der Höhendifferenz zwischen Basel und Bern hervor, an welch letzterem Orte durch den Eifer von Prof. Trechsel während langer Zeit ebenfalls sehr sorgfältige Beobachtungen gesammelt worden waren. Später, als auch an andern Orten der Schweiz das Interesse für die Meteorologie wieder wach geworden, wurden dann die Basler Beobachtungen das Vorbild aller weitern Bestrebungen, und jetzt bilden sie, obgleich schon manche wertvolle Frucht daraus geholt worden, immer noch eine unerschöpfte Fundgrube und die sicherste Grundlage für jede Bearbeitung einer Klimatologie unserer Gegend.

Ehe wir aber diese Basler Beobachtungen des Nähern besprechen, wird noch ein Wort über die Beendigung des vorhin erwähnten barometrischen Nivellements der Schweiz am Platze sein.

Mit den Beobachtungen sollte am 1. April des Jahres 1826 begonnen werden, indess nur an ganz wenigen Orten, wie z. B. hier in Basel, waren die Beobachter mit den Vorarbeiten rechtzeitig fertig geworden, so dass die meisten Beobachtungsreihen erst mit dem Jahre 1827 konnten eröffnet werden. Die Aufzeichnungen wurden ununterbrochen bis zum Jahre 1832

---

30) Ibidem 1825, S. 39.

31) Circular mit Instruktion für die im Namen der allg. schweiz. naturforsch. Gesellschaft anzustellenden barometrischen und thermometrischen Beobachtungen.

fortgeführt und dann vorläufig abgeschlossen. Im nächsten Jahre konnte Hofrath Horner, der Präsident der meteorologischen Kommission der schweizerischen naturforschenden Gesellschaft, an ihrer Versammlung in Lugano die berechneten Höhenunterschiede mitteilen. Der tiefste von den 10 Orten, deren Höhe über dem Nullpunkt des Basler Rheinpegels bestimmt worden war, ist Bellinzona, und zwar liegt die Beobachtungsstation, das Haus der Benediktiner von Einsiedeln 10 m tiefer als der gewählte Nullpunkt; für die höchste Station Bevers im Oberengadin fand man 1273 m. Die trigonometrische Vermessung des Jahres 1854 bestätigte diese Angaben fast alle bis auf die kleine Abweichung von 1 bis höchstens 4 m.; einzig für Solothurn und das sehr hoch und unter ganz andern klimatischen Verhältnissen gelegene Bevers ergaben sich bedeutende Abweichungen. Die Höhe des letztgenannten Orts war durch das barometrische Nivellement beinahe 200 m zu gering gefunden worden.

Nach Abschluss der Höhenmessungen wurde von mehreren Seiten der Wunsch laut, es möchten die einmal begonnenen Beobachtungen auch fernerhin und in noch umfassenderem Maasse zu meteorologischen Zwecken fortgeführt werden. Leider fanden sich bloss drei Beobachter, Prof. Trechsel in Bern, Apotheker Daniel Meyer in St. Gallen und Ratsherr P. Merian in Basel zur weitern Fortsetzung bereit, darum musste sich die Gesellschaft darauf beschränken, durch Veröffentlichung[32]) der bisherigen Beobachtungen das schon Vorhandene zu erhalten; zur Schaffung von Neuem war damals die Zeit noch nicht reif.

Zur richtigen Wertschätzung der Energie und Einsicht, deren es bedurfte, um so gänzlich unermuntert doch unentwegt den mühevollen Pfad regelmässiger Beobachtung und Aufzeichnung weiter zu verfolgen, möge an der Hand von Briefen Trechsels an Peter Merian, das Ende dieser ersten schweizerischen meteorologischen Unternehmung noch kurz skizzirt werden.

Nach Horners Tode hatte Trechsel das Präsidium der meteorologischen Kommission übernommen. An der Versammlung der schweizerischen naturforschenden Gesellschaft zu Solothurn im Jahre 1836 hatte er sich alle Mühe gegeben, das bisherige Unternehmen zu gutem Ende zu führen, und trotz des Widerspruchs einiger »wohl- und nase-weiser Zürcher Herren« die Gesellschaft vermocht, ihr Interesse einem namentlich auf die meteorologische Erforschung unsres Landes hingerichteten erweiterten Beobachtungsplane zuzuwenden, so dass von neuem an alle frühern Beobachter ein Cirkular erlassen wurde, das um Einsendung der bisher angestellten und um weitere Fortführung neuer Beobachtungen ersuchte. In bescheidenster Weise wurden solche zunächst nur auf zwei Jahre verlangt und jede mögliche Erleichterung gewährt, wie Uebersendung von Instrumenten, Formularen, Instruktionen etc. Allein der Apell war vergeblich, so dass selbst Trechsel, dessen Briefe sonst ein so wohltuender Ton der Freude über das gemeinsame Werk durchzieht, in Aerger und Resignation am 23. Juli 1837 an P. Merian schreibt:

Sie erhalten somit den höchst unerquicklichen Bericht über die meteorologische Angelegenheit, den ich Sie vorzutragen bitten muss, da mir Geschäfte und Verhältnisse vieler Art nicht gestatten, nach Neuenburg zu kommen. Sie werden aus demselben und allenfalls aus den Beilagen die ganze Lage, — jawohl Lage — dieser leidigen Sache ersehen. Niemand ausser Ihnen, der Sie uns allen mit dem besten Beispiel vorleuchten, wie Sirius den Sternen, und etwa noch der wackere Herr Meyer in St. Gallen und meine Wenigkeit, mag ferner etwas thun oder auch nur das Vorhandene sammeln, ordnen, redigieren. Viele haben auf das Circular gar nicht geantwortet. Mag nun die Gesellschaft beschliessen, was sie will, mir ist alles recht. Vor einem Jahre nahm ich die Sache mehr und sehr zu Herzen und glaubte, die meteorologische Association solle neuen Effort machen, sich mit Ehren aus der Sache zu ziehen. Jetzt habe ich eben nicht mehr erstaunlich viel Lust, gegen Wind und Wetter zu schiffen. Ihnen danke ich herzlich für Ihre geleistete treffliche Hülfe und Unterstützung Es grüsst Sie und Ihren Herrn Bruder etc. Trechsel.

32) Neue Denkschriften der allg. schweiz. naturforsch. Gesellschaft für die gesammten Naturwissenschaften Bd. II. 1838.

Merian konnte der Versammlung in Neuenburg nicht beiwohnen, statt seiner legte Mousson den Bericht vor; in demselben heisst es unter anderm:

»Wirklich sind auch zwar sehr angelegentlich von mehreren Seiten die früher eingegebenen Abschriften der Originalbeobachtungen eingelangt worden, um sie der neuen Redaktion in der zum Drucke geeigneten Form zu unterwerfen, aber mit Ausnahme von Basel und St. Gallen ist bis dahin nichts wieder eingelangt. Von Lausanne her ist wohl ein Heft von Beobachtungen von den Jahren 1827 an bis und mit 1831 durch den Präsidenten der dortigen Kantonal-Gesellschaft eingesandt worden, aber keineswegs in wünschbarer Vollständigkeit, Regelmässigkeit und zum Drucke geeigneter Form. Mit musterhaftem Fleisse, Genauigkeit, Vollständigkeit und Ordnung hingegen sind die Auszüge und Hauptresultate der Beobachtungen in Basel vom April 1826 bis Ende 1836 bearbeitet und zusammengestellt. Von Bern liegen die Beobachtungen vom nämlichen Zeitraume bis an sehr wenige Ausfüllungen gleichfalls bereit. Von St. Gallen sind gleichfalls sehr wohlgeordnete Beobachtungsresultate von den Jahren 1828 bis und mit 1832. Bloss die Maxima und Minima der Thermometerstände und die hygrometrischen Beobachtungen fehlen. Dieses ist in kurzem die allerdings nicht sehr erfreuliche Lage der meteorologischen Angelegenheit in Bezug auf die früheren Beobachtungen etc.«

Die Versammlung beschloss hierauf, die Beobachtungen von Basel, Bern und St. Gallen in den Denkschriften zu drucken; dagegen:

Keine neuen Beobachtungen veranstalten zu lasssen, gleichwohl die Beobachter auf den Stationen, wo gegenwärtig beobachtet wird, dringend aufzufordern, dies gleichförmig zu tun und ihre Beobachtungen auf gleichförmige Weise von sich aus zu publiziren!! und

die Publikation in den Verhandlungen der Gesellschaft für einzelne der bisherigen oder für neue Stationen nur dann zu gestatten, wenn nach schriftlicher Einfrage dazu in der nächsten allgemeinen Sitzung durch eine deshalb bestimmte Kommission die Versicherung ausgesprochen worden ist, dass diese Beobachtungen hinlänglich genau und während einer Zeit von wenigstens 4 Jahren nach dem auf den andern Punkten befolgten Plane fortgeführt werden können.

So wenig ruhmvoll das erste allgemein schweizerische meteorologische Unternehmen mit diesen Beschlüssen zu Grabe getragen worden ist, und so dürftig seine greifbaren Ergebnisse geblieben zu sein schienen, so hatte es doch dadurch einen nachhaltigen Erfolg erzielt, dass in weiten Kreisen die Aufmerksamkeit auf die Wichtigkeit meteorologischer Erhebungen gelenkt worden war und man vielfach das fast gänzliche Stillstehen solcher Beobachtungen als Mangel, ja als Schaden empfand. Dieser Einsicht nicht verschliessend, begannen denn auch schon wenige Jahre nachher mehrere Kantonsregierungen, auf ihrem Gebiete meteorologische Stationsnetze zu errichten, so Tessin im Jahre 1843, Thurgau 1855, Bern 1859. Allein wenn irgendwo Uniformität oberstes Gebot für wirksamen Erfolg ist, so gilt dies für die meteorologische Forschung und dann, wie klein ist die Ausdehnung selbst des grössten Schweizerkantons im Vergleich zu dem Felde, das sich Wind und Wetter als Tummelplatz ausersehen haben; da gewährt nur eine einheitliche Organisation, die sich zum mindesten über das Gebiet der ganzen Schweiz erstreckt, Aussicht auf wirklich wertvolle wissenschaftlich und praktisch verwendbare Ausbeute. Es wurde darum seitens der schweizerischen Gelehrten sofort mit Freuden die Anregung begrüsst, die Bundesrath Pioda den im Jahre 1860 in Lugano versammelten Naturforschern vorlegte, ein allgemein schweizerisches Beobachtungsnetz ins Leben zu rufen; es wurde alsbald eine Kommission ernannt, bestehend aus den Herren Prof. Kopp in Neuchâtel, Prof. Mousson in Zürich und Prof. Wild in Bern, und dieser die Ausarbeitung eines Organisationsplanes übertragen. Die Kommission machte sich rüstig ans Werk, und Dank dem Entgegenkommen, das ihre Bestrebungen jetzt überall fanden, gelang es schon mit dem Dezember 1863 an über 80 Stationen, von denen die höchsten bis in die Region des ewigen Schnees hinaufreichten, die regelmässigen Beobachtungen zu beginnen. Zahlreiche Männer in allen Gauen des Vaterlandes, namentlich Geistliche und Lehrer, hatten sich in uneigennütziger Weise zur Durchführung dreimal täglicher Beobachtungen bereit erklärt, und nicht minder förderten die Kantonsregierungen durch namhafte Beiträge die instrumentelle Ausrüstung geeigneter Stationen. Nur Unterwalden und Basel, wo Ratsherr P. Merian einen namhaften Beitrag auf seine Privat-Rechnung setzte, unterstützten die auf ihrem Gebiete errichteten Stationen nicht von Staatswegen. Den Mittelpunkt des Netzes bildete die schon von früher her besonders reich mit speziell der wissenschaftlichen Forschung dienenden Instrumenten ausgerüstete Station in Bern, eine zweite solche mit einem das gewöhnliche weit übersteigenden Arbeitsprogramme war auf dem Gotthardhospiz in Aussicht genommen, trat jedoch nie in's Leben: erst in neuester Zeit hat dieser Plan durch das auf dem Säntisgipfel errichtete Observatorium den Anfang seiner Verwirklichung gefunden. Für Sichtung und Sammlung des einlaufenden Beobachtungsmaterials wurde von der schweizerischen naturforschenden Gesellschaft in Zürich ein der Leitung von Herrn Prof. Rud. Wolf unterstelltes Centralbureau errichtet; aus diesem ist, als der Bund im Jahre 1880 in erhöhtem Masse der schweizerischen Meteorologie seine Pflege und Unterstützung zuwandte, die heutige schweizerische meteorologische Central-Anstalt emporgewachsen.

In Basel hatte Ratsherr P. Merian als der einzige, der schon beim ersten schweizerischen Netze mitgewirkt hatte, in alter Jugendfrische und Bereitwilligkeit sich in den Dienst der neuen Organisation eingereiht, seine Station mit all' ihren Dependenzen den neuen Anforderungen gemäss umgestaltet und noch ein volles Jahrzehnt ununterbrochen verwaltet. Und abermals fast ein Jahrzehnt, als endlich der Station im Bernoullianum ein staatliches Heim zu Teil geworden, wendete er ihr sein ungeteiltes Interesse zu und brachte jedem an ihn gerichteten Wunsch um Rat oder Auskunft irgend welcher Art in kürzester Frist seine Erfüllung.

2. Die Beobachtungen von Ratsherrn Peter Merian.

Es war im Anfang des Jahres 1826, dass Ratsherr P. Merian im zweiten Stock seiner damaligen Wohnung an der Lottergasse, dem zu Nr. 58, der jetzigen Nr. 15 der St. Johann-Vorstadt gehörigen Hause die Basler meteorologische Station einrichtete. Mit dem April begannen die regelmässigen Beobachtungen des Drucks und der Temperatur der Luft; ersterer wurde anfangs mit einem Dumotiez'schen Barometer, im Laufe des Herbstes an dem von der schweizerischen naturforschenden Gesellschaft gelieferten, von Mechaniker Oeri[33] in Zürich verfertigten Instrumente bestimmt. Diese Barometerablesungen sind unsere ersten, bei denen die Temperatur der Quecksilbersäule mit berücksichtigt wurde und die mithin ein genaues Maass des Luftdrucks selbst ergeben. Gleichzeitig stellte der Stiefbruder unseres Beobachters, J. J. Fürstenberger, im Plainpied von Nr. 265 in der Neuen Vorstadt, jetzt Hebelstrasse 22, ein Loos'sches Barometer nebst den nötigen Thermometern auf und begann eine Reihe von Controlbeobachtungen.

Durch ein sorgfältiges Nivellement des Landökonomen Geigy wurde die Höhe jener Barometer über dem Nullpunkt des Rheinpegels gemessen und ausserdem noch eine ziemliche Anzahl von vergleichenden Barometerbeobachtungen mit den verschiedenen Instrumenten ausgeführt, um genau die constanten durch den Standort und die Natur der Instrumente bedingten Unterschiede ihrer Angaben kennen zu lernen.

---

[33] Oeris Werkstätte gieng später an seinen Schwiegersohn Goldschmidt über, dann an die Firma Hottinger & Cie. und wird jetzt von Herrn Usteri-Reinacher weiter geführt.

Mit dem Jahre 1827 kamen Messungen über die Luftfeuchtigkeit an einem de Saussure'-schen Haarhygrometer und Beobachtungen der Windrichtung an der Fahne auf der Predigerkirche hinzu, sowie Aufzeichnungen über die Bewölkung des Himmels und allfällige Niederschläge. Damit war das Verlangen der schweizerischen meteorologischen Kommission schon mehr wie erfüllt. Trotzdem sehen wir in den nächsten Jahren die Beobachtungen nach Mannigfaltigkeit und Zahl an einem fort sich mehren. An Stelle der vier täglichen Ablesungen (um 9, 12, 3 u. 10 Uhr) traten schon 1827 längere Reihen stündlicher[34] Aufzeichnungen während des Tages; im Juli 1828 wurde ein Maximum- und Minimum-Thermometer aufgestellt, rechtzeitig genug, um die interessanten Messungen über die fürchterliche Kälte des Winters 1829/30 zu gewinnen. 1835 wurde im alten botanischen Garten, auf dem Areal des jetzigen Spitals, ein Regenmesser[35]) aufgestellt und vom botanischen Gärtner Hämmerlin täglich nachgesehen. Ausser seinen eigenen Aufzeichnungen sorgte Ratsherr P. Merian noch für mehrere Reihen von Controlbeobachtungen. Zuerst führte solche, wie schon erwähnt, J. J. Fürstenberger in der Neuen Vorstadt aus, von 1832—1835 der Präparator Andreas Schneider erst im Falkensteinerhof, dann im Museum, wo von 1856—1874 Herr Kaufmann sie fortgesetzt hat. Aus einzelnen Jahren besitzen wir auch Beobachtungen des Bruders unseres Beobachters, Prof. Rud. Merian, endlich solche des seiner Zeit zu Stadt und Land wohlbekannten Mechanikus Gottlieb Linder in Nr. 1698 hinter der Rümelinsmühle, jetzt Schnabelgässlein 17.

Einige Sommeraufenthalte wurden zum Studium der Witterungsverhältnisse verschiedener Orte unserer Umgegend benützt, so der Marchmatt bei Reigoldswyl im Sommer 1827, von Arlesheim, von Binningen, wo während längerer Zeit das Singeisen'sche Schlösschen eine meteorologische Station beherbergte, ferner vom Stückelberger'schen Gute vor dem Riehentor, vom Löwenberg bei Höllstein und endlich von Badenweiler. Hier ist auch der Beobachtungen zu gedenken, welche die Herren Joh. und Jak. Plüss[36]) in den Jahren 1850 und 1851 in Riehen angestellt haben und welche zeigen, wie es bei der Nähe und freien Lage dieses Orts und Basels zu erwarten war, dass eine völlige Uebereinstimmung im Gange der Temperatur und den Erscheinungen des Pflanzen- und Tierlebens an beiden Orten statt hat.

Im Laufe der Jahre wechselte die meteorologische Station mehrmals ihren Standort, die Reduktion der verschiedenen Stationshöhen auf einander wurde teils durch Nivellements, teils durch vergleichende Barometerbeobachtungen gewonnen. Die hierauf bezüglichen Daten sind in den folgenden Tabellen zusammengestellt:

34) Stündliche Aufzeichnungen besitzen wir aus der Zeit von 1827 Nov. 25. bis 1828 Jan. 28., jeweilen von Morgens 9 (1827 Nov. 25. bis Dez. 10. von 8 Uhr an) bis Abends 10 Uhr: sie beziehen sich auf Barometer, Thermometer, Hygrometer, Wind und Wetter. Ferner von 1828 April 24. bis Juni 11. und Juli 1.—11. von 8 Uhr Abends bis 10 Uhr Vorm., 1833 Juni 23. bis Okt. 1. von 5 Uhr Morgens bis 10 Uhr Abends und 1833 Okt. 24. bis Nov. 10. von 7 Uhr Vorm. bis 10 Uhr Abends.

35) Die Regen fangende Fläche betrug 131.5 Pariser Quadratzoll; einer Wassermenge von 26.0849 Gramm entspricht demnach eine Regenhöhe von 1/100 Zoll. Diese Zahl wurde der Berechnung der Regenhöhe zu Grunde gelegt.

36) Berichte der naturforsch. Gesellschaft zu Basel, Teil IX, S. 30ff.

Lage von P. Merian's meteorologischer Station.

Beginn der Beobachtungen	Beobachtungsstunden	Beobachtungsort	Höhe der Cuvette des Barometers über d. Nullpunkt des Rheinpegels	Correction zur Reduction der Barometerablesungen auf das Barometer in	
				Nr. 58 St. Johann	Bernoullianum
1826 April 1.	9, 12, 3 (7½ und 10 Uhr lückenhaft) 1828 Jan.1.b.Aug.31. auch 10 Uhr Nm. 1832 Sept. bis 1833 auch 9 Uhr Nm. 1832 Jan.-Juli, Sept - Dec. auch 9½ Uhr Nm.	St. Johann Vorstadt alte Nr. 58, Hinterhaus an der Lottergasse, 2. Stock, jetzt Spitalstrasse 14	21.72 m.		— 1.17 mm.
1833 October 23.	7, 9, 12, 2, 3, 7, 9 Uhr	Nr. 1629 = Freiestrasse 23, 3. Stock		+ 0‴.12	— 0.90 mm.
1835 October 1.	7, 9 (12½, von 1844 an 1 Uhr), 3, 9 Uhr	Ebenda 2. Stock		— 0‴.03	— 1.24 mm.
1837 September 19. 9 Uhr Abds.		Nr. 1402. Domhof = Münsterplatz 12, 2.St.	35.49 m.	+ 0‴.61	+ 0.20 mm.
1864 October 1.	7, 1, 9 Uhr	Albananlage 14, 1.St.	33.30 m.		
1875 Januar 1.	7, 1, 9 Uhr	Bernoullianum	33.23 m.		
1826 April 1. J.J. Fürstenberger	12, 3 Uhr	Nr.265 Neue Vorstadt, jetzt Hebelstrasse 22, Erdgeschoss	22.83 m.	— 0‴.06	
1828 Januar 1. J.J. Fürstenberger		Nr. 1453, jetzt Schlüsselberg 13, 1.St.		+ 0‴.01	

Nivellements.

1. Das Nivellement des Landökonomen Geigy vom 15. Sept. 1826 ergab:
Erhebung der Platte vor dem Hause Nr. 265 Neue Vorstadt über dem Nullpunkt des Rheinpegels . . . . 66.73 Pariser Fuss
Erhebung des Gefässes des Barometers über der Platte . 3.55 »
Erhebung des Gefässes über dem Nullpunkt des Rheinpegels 70.28 » = 22.83 m.

2. Vergleichung der Barometer von Prof. Daniel Huber im Schönauerhof und Ratsherrn P. Merian in Nr. 58, St. Johann Vorstadt.
Nach Buchwalder's Karte ist die Platte vor dem Tor des Münsters (nach Messung badischer Ingenieure) über dem Nullpunkt des Rheinpegels erhaben um . . . 25.9 m = 79.9 Pariser Fuss
Nach dem Nivellement Geigy's ist die Türschwelle von Prof. Daniel Huber's Wohnung über jener Platte erhaben um 5.2 »
Das Barometer mag noch höher liegen um . . 15.0 »
folglich beträgt die Erhebung des Huber'schen Barometers über dem Nullpunkt des Rheinpegels . . . . 100 » = 32.48 m.

3. Nach der Messung mit der Schnur vom 20. Nov. 1828 steht das Gefäss des Barometers
in Nr. 58 über der Hausflur um . . . . . 26.25 Pariser Fuss
Die Hausflur liegt nach P. Merian's Untersuchung gänzlich im
Blei. Die alte Platte, auf welche sich das Nivellement bezieht,
mag ziemlich in gleicher Flucht gewesen sein mit der Hausflur. Ihre Höhe über dem Nullpunkt des Rheonometers ist nach
II. Geigy's Messung . . . . 40.61 »
Höhe des Barometers in Nr. 58 über dem Nullpunkt des Rhein-
pegels[37]) . . . . 66.86 » = **21.72** m.
4. Das Nivellement von Professor **Kopp** in Neuenburg vom 14. August 1862 ergab:
Höhe des Steins unter dem Fenster des Beobachtungszimmers
im Domhof über der Platte vor dem Haupteingang des Münsters — 1.12 Schweiz. Fuss
Höhe des scharfen Randes der untersten horizontalen Kante an
der Fensterbank über dem Stein unter dem Fenster . 32 35 »
Cuvette des Barometers über der Fensterkante . . . 0.41 »
Cuvette des Barometers über der Platte vor dem Haupteingang
des Münsters . . . . 31.64 »
Höhe der Platte über dem Nullpunkt des Rheinpegels nach In-
genieur Bader . . . . . . 26.0 m. = 86.67 »
Höhe der Cuvette über dem Nullpunkt des Rheinpegels . 118.31 » = **35.49** m.
Höhe des Rheinpegels über Meer nach Bader . . . 245.7 »
Absolute Höhe der Cuvette . . . . 281.2 »
5. Nach dem Nivellement von Geometer **Falkner**[38]) beträgt die Höhe der Schwelle
des eisernen Gitterthores am Eingang zu Haus Nr. 14 Alban-Anlage über dem
Nullpunkt des Rheinpegels . . . . 88.57 Schweiz. Fuss
Höhe der Cuvette des Barometers im 1. Stock über der Schwelle
des Gitterthores . . . . . . 22.43 »
Höhe der Cuvette über dem Nullpunkt des Rheinpegels . . 111.00 » = **33.3** m.
6. Nach dem Nivellement von Geometer **J. J. Matzinger**[39]) beträgt die Höhe der
Cuvette des Stations-Barometers im Bernoullianum über dem Nullpunkt des
Rheinpegels . . . . . . 110.77 Schw. Fuss = **33.23** m.

Control-Beobachtungen in Basel.

1. Von J. J. Fürstenberger:
Von 1826 April 1. an in Nr. 265 Neue Vorstadt, jetzt Hebelstrasse 22, Erdgeschoss.
» 1828 Januar 1. an in Nr. 1453, jetzt Schlüsselberg 13, 1. Stock.
» 1828 Oktober 19. an in Nr. 512, jetzt Nadelberg 37, 1. Stock.
» 1829 Dezember 3. an ebenda, 2. Stock.
2. Von Keller:
1828 August in Nr. 1453, jetzt Schlüsselberg 13, correspondirend mit P. Merian's Beobachtungen in Arlesheim.
3. Von Präparator Andreas Schneider:
Von 1832 Juli 1. bis September 16.
» 1838 Juni an in Nr. 1403 Falkensteinerhof, jetzt Münsterplatz 11, 2. Stock.
» 1849 Februar 25. an im Entresol des Museums an der Augustinergasse.
» 1856 Mai bis 1874 Juni ebenda durch Herrn Franz Kaufmann.

37) Original-Beob. Ms., Bd. I, S. 25.
38) Originaltabelle der Beob. vom Febr. 1865.
39) Ms. des Herrn Matzinger, datirt 1875 Febr. 16. im Archiv der meteorol. Station im Bernoullianum.

4. Von Prof. Rudolf Merian:
   1837 Barometerbeobachtungen in Nr. 1448, jetzt Freie Strasse 27.
   1845 Februar und 1855—56 in Nr. 1026, jetzt Aeschenvorstadt 41
5. Von Mechaniker Gottlieb Linder:
   1855 Juli 23 bis September 3 in Nr. 1698 hinter der Rümelins Mühle, jetzt Schnabelgässlein 17.

Beobachtungen in der Umgegend.

1827 Juli 15. bis September 13., Marchmatt bei Reigoldswyl.
1828 Juli 18. bis Oktober 7., Arlesheim, Haus Cartier, ehemals Moyses Nr. 11, ebener Erde; stündliche Beobachtungen. Control-Beobachtungen in Basel durch Fürstenberger und Keller.
1829 Mai 27. bis September 30., Binningen, Singeisen'sches Schlösschen, grösseres hinteres Haus, 2. Stock. Loos'sches Barometer; zur Reduktion der Barometerstände auf den Standort Nr. 58 St. Johann, sind 1‴.33 zu addieren.
1830 Juli 26. bis September 10., Binningen, Singeisen'sches Schlösschen, Vorderhaus, 2. Stock. Loos'sches Barometer; zur Reduktion der Barometerstände auf den Standort Nr. 58 St. Johann sind 1‴.36 zu addieren.
1832 Juli 7. bis September 9., Badenweiler, Hofapotheke, 1. Stock. Barometer 15 Pariser Fuss über der Strasse, die unter der Kirche sich fortsetzt, vielleicht 9 Fuss über die Einfahrt zum Römerbad.
1836 Juli 2. bis September 13., Stückelberger'sches Gut vor dem Riehentor Barometer steht dort 0‴.19 höher als in der Stadt an der Freien-Strasse.
1837 Juli 16. bis August 17., Löwenberg bei Höllstein, 1. Stock. Control-Beobachtungen hiezu in Basel durch Rud. Merian in Nr. 1448, 2. Stock.

Wie es das Universitätsprogramm von 1883 ausdrückt, gewann die wissenschaftliche Tätigkeit Peter Merian's im Laufe der Jahre mehr und mehr den Charakter des Sammelns und Zurüstens von wissenschaftlichem Material zu Gunsten ausschliesslicher Berufsgelehrten und vor allem zu Gunsten der Universität;[40] Peter Merian arbeitete sein Leben lang nicht für sich selbst, sondern für andere.[41] Dieses Gepräge trägt auch seine meteorologische Tätigkeit und das wenige seines wissenschaftlichen Briefwechsels, das er uns durch Einverleibung in's Beobachtungsjournal erhalten hat.

Diesem Streben, andern zu dienen, verdanken die zahlreichen Barometerbeobachtungen, die P. Merian in Gemeinschaft seiner Brüder bereits in den Jahren 1823—24 angestellt hatte, ihre Entstehung; sie bildeten die Grundlage für die vielen hundert Höhenbestimmungen im Schwarzwald durch Carl von Oeynhausen[42] und Michaelis,[43] sowie durch P. Merian selbst im Baselbiet und Schwarzwald;[44] dieselben waren zunächst bestimmt, eine topographische Basis für geologische Studien zu schaffen.

40) Rütimeyer: Ratsherr Peter Merian, Programm zur Rektoratsfeier der Universität Basel, 1883, S. 8.

41) Ibidem, S. 21.

42) Barometrisches Nivellement während einer geognostischen Reise durch Lotharingen, Elsass, Baden und Württemberg in den Monaten Juli bis November 1823, angestellt durch Carl v. Oeynhausen, Hellmuth v. La Roche und Heinrich v. Dechen. Hertha Bd. 1, S 1—62, 431—571.

43) Barometrisches Nivellement des Schwarzwaldes und der benachbarten Gegenden, nach Beobachtungen der Monate Mai bis Oktober in den Jahren 1825 und 1826, mitgeteilt von Ernst Heinrich Michaelis, kgl. preuss. Hauptmann a. D. Hertha Bd. X, S 195—257, 1827.

44) Bericht über die Verhandlungen der naturforsch. Gesellschaft zu Basel Bd. 1, S. 19, 1835. Die ausführliche handschriftliche Zusammenstellung befindet sich auf der hiesigen Universitäts-Bibliothek, IIvV5.

Ebenso sind auch die oben erwähnten Reihen stündlicher Barometer- und Temperatur-Beobachtungen grösstenteils auf Ansuchen fremder Gelehrter hin unternommen worden, und wenn sie schon kein dem Einsatze von Zeit und Mühe seitens unseres Beobachters entsprechend wertvolles Resultat geliefert haben, so sind sie dafür ein um so kostbareres Denkmal seiner persönlichen Hingebung und Dienstfertigkeit. Die erste jener Reihen bildete einen Teil eines grossartig geplanten topographischen Unternehmens des Dirigenten der trigonometrischen Abteilung des preussischen Generalstabes Major von Oesfeld,[45]) welches dahin abzielte, zunächst durch Barometerbeobachtungen, die von Oesfeld und Berghaus in Berlin, Chamisso in Greifswald und Poggendorff in Cuxhafen anstellen sollten, die Seehöhe von Berlin zu bestimmen, dann aber durch analoge Beobachtungen, die jede deutsche Universität an ihrem Sitze und dessen Umgebung veranstalten sollte, in kurzer Zeit die Höhenverhältnisse von ganz Deutschland kennen zu lernen; ein Unternehmen ganz ähnlicher Art, wie es wenige Jahre darauf in der Schweiz wirklich zur Ausführung kam. Dem von Oesfeld und Poggendorf erlassenen Beteiligungsgesuche genau entsprechend, führte Peter Merian vom 21. Juni bis 10. August 1823 achtmal tägliche Notierungen in zweistündigen Intervallen von 8 Uhr Morgens bis 10 Uhr Abends Berliner Zeit, also 7⁴⁰ bis 9¹⁰ Uhr Basler Ortszeit aus. Auch hier scheint, wie später beim schweizerischen Nivellement, P. Merian einer der wenigen Getreuen gewesen zu sein; denn so weit es dem Verfasser möglich war, den Erfolgen des Poggendorff'schen Anrufes nachzuspüren, blieb die Teilnahme ziemlich auf Norddeutschland beschränkt und lieferte dort zum Teil so unmögliche Höhendifferenzen, dass auf Humboldts Antreiben hin der preussische Generalstab im Juni 1835 durch Baeyer[46]) ein trigonometrisches Nivellement von Berlin nach Swinemünde ausführen liess, um endlich eine zuverlässige Bestimmung der Höhenlage der Berliner Sternwarte zu erlangen, deren Kenntniss für manche neue Untersuchungen immer dringlicher notwendig geworden war.

Die Beobachtungsreihen des Jahres 1833 waren auf Wunsch von Kämtz unternommen worden, um gleichwie die von Horner in Zürich und Trechsel in Bern als correspondierende Talbeobachtungen zu den von Kämtz während eines mehrwöchentlichen Aufenthaltes auf dem Rigi und Faulhorn durchgeführten Reihen dienen zu können; ihr Zweck war hauptsächlich Verbesserung der Theorie und Methode der barometrischen Höhenbestimmung.[47])

Umfangreiche Auszüge aus dem Basler Journal giengen wiederholt an den französischen Ingenieur Morin ab, wohl auch zu Höhenmessungszwecken, sowie an Dove für dessen grosse klimatologisch-statistische Arbeiten.

Instrumente.

1. Barometer waren stets mehrere gleichzeitig in Gebrauch. Schon ehe die regelmässigen Beobachtungen begannen, diente ein Barometer von Dumotiez, in Zoll und Duodezimallinien geteilt mit attachiertem Reaumurthermometer, sowie ein solches von Loos in Darmstadt, in Zoll und Zehntel geteilt, mit attachiertem Celsiusthermometer zu hypsometrischen Zwecken. Vom April 1826 an wurde das Dumotiez'sche Barometer von P. Merian in seiner Wohnung St. Johann Nr. 58 als Stationsbarometer verwendet, dasselbe zerbrach jedoch schon am 27. Juni jenes Jahres und wurde nun durch das Loos'sche ersetzt.

---

45) Einladung zur Teilnahme an barometrischen Höhenmessungen von dem Major von Oesfeld etc. und C. H. Poggendorff. Gilberts Ann. d. Phys. Bd. 73, S. 441 ff., 1823.

46) Baeyer, Bestimmung der Höhe von Berlin, Astr. Nachr. Bd. 14, 1837. S. 65—76.

47) Vgl. Kämtz, Vorlesungen über Meteorologie, 1840, S. 296.

Von der schweizerischen meteorologischen Kommission erhielt P. Merian ein Barometer von Oeri. Die Röhre hatte eine Weite von 4 Linien und endete unten in ein quadratisches Holzgefäss von 4 Zoll Kantenlänge, also von etwa dem 200 fachen Querschnitt der Röhre. Die auf Metall gravierte Scale reichte von 25"6''' bis 29"0''' und war in halbe Duodezimallinien geteilt; ein mit Zahntrieb verschiebbarer Nonius, auf welchem das Interval von 9 halben Linien in 10 gleiche Teile eingeteilt war, gestattete die Ablesung von 0'''.05. Das kurze Scalenstück war in Schlitzen vertikal verschiebbar und wurde nach richtiger Einstellung mittelst zweier Schrauben gegen den Holzkörper gepresst, an welchem auch Röhre und Cuvette befestigt waren. Obschon mehrere Barometervergleichungen befriedigend ausgefallen waren, hielt doch der Beobachter an dem Verdachte fest, es könnten hygroscopische Wirkungen in Holzgefäss und Brett, sowie das allmälige Eindringen des Quecksilbers in die Poren des Gefässes die Zuverlässigkeit der Ablesungen trüben. Um für letztern Vorgang eine Controle zu haben, wurde im Oktober 1829 bei Anlass der nachstehend erwähnten Barometervergleichung durch Horner in den festen Teil des Gefässdeckels eine Elfenbeinspitze eingelassen und genau bis auf den Quecksilberspiegel hinabgesenkt. Zur Bestimmung der Barometertemperatur diente ein am Barometerbrett neben der Röhre etwa in halber Höhe angebrachtes grosskugeliges Quecksilberthermometer nach Reaumur.

Dieses Barometer langte im März 1826 an und wurde von seinem Verfertiger mit einem mitgebrachten Normalbarometer in Einklang gebracht, wahrscheinlich aber nicht ganz richtig, so dass die Ablesungen etwa 0'''.20 zu hoch ausfielen. Am 31. März wurde es in Fürstenberger's Wohnung in der Neuen Vorstadt aufgestellt. Während des Transportes wurde etwas Quecksilber verschüttet, doch konnte der hieraus entstandene Fehler, als im Juni desselben Jahres von Oeri zwei neue Barometer eintrafen, zu 0'''.20 bestimmt und beseitigt werden. Das eine der neuen Barometer trat mit dem Abend des 8. September 1828 als Stationsbarometer in der St. Johann-Vorstadt in Gebrauch[48]) an Stelle des Loos'schen, das fernerhin bei Landaufenthalten noch diente; das andere Oeri'sche Barometer erhielt Prof. Daniel Huber, ebenfalls als Ersatz eines Loos'schen Barometers. Eines dieser Oeri'schen Barometer befindet sich jetzt in der meteorologischen Anstalt im Bernoullianum (Cat. Nr. 536[5]).

Am 16. Oktober 1829 führte Hofrath Horner eine Vergleichung der drei Oeri'schen Barometer mit dem von ihm mitgebrachten Reisebarometer aus; dieselbe ergab:

	Oeri'sches Barometer	Barometer Horner	Correktion des Oeri'schen Barometers.
Bei P. Merian .	27" 6'''.22 7⁰.8 R.	27" 6'''.20 7⁰.7 R.	—
» Fürstenberger	27" 6'''.30 7⁰.2 »	27" 6'''.20 7⁰.2 »	— 0'''.10
» D. Huber .	27" 5'''.57 8⁰.9 »	27" 5'''.63 9⁰ I »	+ 0'''.05

Das Reisebarometer fand Horner nach seiner Rückkehr nach Zürich in völliger Uebereinstimmung mit dem Zürcher Normalbarometer.

Am 16.—18. Januar des nämlichen Jahres hatte auch eine Vergleichung des Basler Barometers mit dem von Morin. Ingénieur des ponts et chaussées, stattgefunden; in einem Briefe, datiert Mulhouse 1829 II.6 macht Morin hierüber folgende Angaben:

Das Barometer Merian steht bei einem Stande von 27" 0'''—3''' höher als das von Morin um .... 0'''.34 = 0.77 mm.

Folglich höher als das Barometer Fortin des Pariser Observatoriums um 0'''.56 = 1.27 »

Folglich höher als das Barometer mit weitem Gefäss des Pariser Observatoriums um .... 0'''.47 = 1.06 »

In den Tagen vom 4.—6. September 1830 wurden die Basler Barometer durch C. Rost, guide de 1. classe des grossherzoglich badischen militärisch-topographischen Bureaus mit dem Barometer Nr. 5 dieses Instituts verglichen.

Das Merian'sche Barometer erwies sich bei einem Stande von 27" 3'''.568 = 738.94 mm. um 0.18 mm. niedriger als das Barometer Nr. 5.

Das Fürstenberger'sche Barometer bei einem Stande von 27" 3'''.222 = 738.15 mm. um 0.04 mm. höher.

---

48) Jedoch beziehen sich die Barometerstände der Originaltabellen für 1826 und 1827 sämmtlich auf das Fürstenberger'sche Barometer in der Neuen Vorstadt: erst von 1828 an werden alle Barometerstände auf das Oeri'sche Barometer in der St. Johann bezogen, zur Reduktion der Beobachtungen von 1826 und 1827 auf Barometer und Standort in der St. Johann ist von ihnen noch 0'''.06 abzuziehen.

Das Barometer im Museum bei einem Stande von 27″ 2‴.661 = 736.89 mm. um 0.62 mm. niedriger als das Barometer Nr. 5.

Also nach Horners Vergleichung ist Barometer Fürstenberger 0‴.09 = 0.20 mm., nach Rost's Vergleichung um 0 22 mm. höher als das Merian'sche.

Am 8. Oktober 1844 wurde eine Vergleichung des Merian'schen Barometers mit dem von Prof. Guyot vorgenommen. Da letzteres zur Reduktion auf das baromètre typal von Delcros der Pariser Sternwarte die Correktion + 0.02 mm. besitzt, so ergab sich für die Reduktion des Merian'schen Barometers auf das baromètre typal die Correktion — 0‴.06.

Eine Vergleichung mit dem Barometer von Prof. Bravais, vorgenommen am 17. Oktober desselben Jahres, lieferte mit Hilfe der Correktion + 0.70 mm. des Bravaischen Barometers hingegen für die Reduktion von Barometer Merian auf das baromètre typal von Delcros den Wert 0‴.00, welch' letzterem Ratsherr P. Merian selbst den Vorzug gibt.[49]

Mit dem Dezember 1863 schliessen im Journal die Angaben des Barometerstandes nach Pariser Zoll und Linien ab, und es beginnen nun am 1. Januar 1864 die Beobachtungen mit dem von der schweizerischen meteorologischen Kommission gelieferten Instrumente mit Millimeterteilung, ein eben solches tritt auch für die Ergänzungsbeobachtungen im Museum in Gebrauch. Diese beiden Barometer werden jetzt in der physikalischen Anstalt im Bernoullianum aufbewahrt. Auf eine Beschreibung der Instrumente können wir hier verzichten, da alles Wünschbare im Berichte der schweizerischen meteorologischen Kommission veröffentlicht ist.[50] Bald nach der Umgestaltung der Station wurde eine Vergleichung des Basler Barometers mit einem nunmehr zerbrochenen Berner Normalbarometer vorgenommen. Das Ergebnis, dass zu den Ablesungen am Basler Barometer noch 1.0 mm. hinzugefügt werden müsse, erwies sich, nachdem bis Ende 1883 diese Correktion in den Publikationen verwendet worden war, als unrichtig, die Correktion sollte auf 0.6 mm. herabgesetzt werden.

Die oben erwähnten Barometer blieben bis zum Schluss der Beobachtungsreihe, also bis 31. Dezember 1874, in Gebrauch. Am 17. Juli 1874 begannen die regelmässig bis heute fortgeführten Beobachtungen im Bernoullianum an einem neuen Instrumente gleichen Modells; aus den gleichzeitigen Beobachtungen resultiert, dass das Barometer des Bernoullianums 0.34 mm. höher zeigt, als das P. Merians, und da die Höhe der Cuvette beider Barometer bis auf wenige Centimeter dieselbe ist, so stellt diese Zahl auch den Unterschied der Standcorrectionen beider Barometer dar.

Eine direkte Vergleichung des Stationsbarometers im Bernoullianum mit dem Fuess'schen Reisebarometer der schweizerischen Central-Anstalt, ausgeführt am 19. Februar 1884 durch Herrn Dr. Maurer, ergab als Standcorrektion des Basler Barometers + 0.3 mm.

Nicht alle Beobachtungen wurden von P. Merian selbst ausgeführt; fast in jedem Monat weist das Journal einzelne Lücken auf, die mit Hilfe der Control-Beobachtungen ausgefüllt wurden. Die Correktionen, welche an den aus den Hilfsbeobachtungen entnommenen Barometerablesungen anzubringen waren, um sie auf Standort und Instrument von P. Merian zu reduzieren, wurden allmonatlich neu aus etwa 10 gleichzeitigen Ablesungen bestimmt, und dabei waltete stets sorgsamste Kritik, so dass diese Ergänzungen oft mehr Mühe verursachten als die Führung des Hauptjournals selbst. Ueber die Art, wie die Barometerstände auf die Temperatur Null reduziert wurden, finden wir im Journal selbst nur die einzige Angabe: Vom März 1847 an wurden zur Temperatur-Reduktion des Barometers die Tafeln zur Correction des Barometers von Carl Frost, Prag 1846 angewandt.

2. Thermometer. — Ueber die zu den meteorologischen Beobachtungen verwendeten Thermometer enthält das Journal folgende Notizen.

Quecksilberthermometer A von Loos diente zur Bestimmung der Lufttemperatur, verunglückte im Laufe des Jahres 1826.

Quecksilberthermometer B von Loos mit runder Kugel diente lange als Hauptinstrument zur Bestimmung der Lufttemperatur in Nr. 58 St. Johann-Vorstadt. Dasselbe wurde mit einem von Böcker in Abo verfertigten mit Bessel'scher Correctionsscale versehenen Normalthermometer verglichen. Später (ca. 1835) stand das Thermometer als feuchtes Psychrometerthermometer in Gebrauch.

Quecksilberthermometer C von Loos dient als Luftthermometer auf der Strassenseite in St. Johann, von ca. 1833 ab als Psychrometerthermometer.

49) Bericht über die Verhandlungen der naturforsch. Gesellschaft zu Basel 1851. Bd. IX, Tab. III. Barometerstand. (In Folge eines Druckfehlers ist dort als Tag der Vergleichung mit Bar. Bravais Okt. 7. statt Okt. 17 genannt.)

50) Verhandlungen der schweiz. naturforsch. Gesellschaft, 18. Versammlung in Zürich 1864, S. 218. 219 und 268—272.

Quecksilberthermometer verfertigt von Bellani, von Gourdon in Genf bezogen, als Instrument der schweizerischen meteorologischen Kommission, wurde von Fürstenberger bei Beginn der Beobachtungen verwendet, bis sich Mitte Juli 1827 die Röhre spaltete. Von da an wurde es ersetzt durch ein Quecksilberthermometer D von Oechsle in Pforzheim. Dieses diente später auch in Fürstenbergers Station auf dem Nadelberg zur Bestimmung der Lufttemperatur.

Wie lange diese Thermometer (alle mit Reaumurscale) in Dienst blieben, ist nicht ersichtlich, jedenfalls wurden sie Anfang 1864 durch die Celsiusthermometer des neuen schweizerischen Netzes ersetzt.

Zur Ermittlung der Temperatur-Extreme wurden anfänglich bei P. Merian von Bellani verfertigte, durch Gourdon bezogene Max- und Minimum-Thermometer verwendet; ersteres zerbrach schon im Januar 1829, letzteres bei einem Sturm im Juli des nämlichen Jahres. Dann trat ein Metallthermograph von Apel in Göttingen bei P. Merian und ein ähnlicher von Oechsle bei Fürstenberger in Gebrauch; letzterer wurde wegen seines unsichern Ganges bald wieder ausser Dienst gesetzt und ersterer nur zur Bestimmung der Differenz zwischen Extrem und nächster Terminbeobachtung benützt. Mitte der 30er Jahre kam auch ein Weingeist-Minimum-Thermometer in Gebrauch. Vom Mai 1856 an wurden die Extreme an einem neuen Thermometrographen von Greiner in Berlin abgelesen.

Die Eispunkte wurden wiederholt bestimmt, so z. B.:

Thermometer	1828 I.	Eispunkt bei { 1829 I. 27. und 1830 XII. 31. }	1836 I. 3.	1838 VI. 29.
A von Loos	+ 0.4 R.	—	—	—
B » Loos	+ 0.2 »	+ 0.1 bis 0.2 R.	+ 0.1 R.	+ 0.2 R.
C » Loos	+ 0.7 »	+ 0.82	—	+ 0.7 »
D » Oechsle	+ 0.4 »	+ 0.5	—	—
Gewöhnl. Thermometer von Prof. D. Huber			+ 0.3 R.	
Weingeist-Minimum-Thermometer			+ 0.3 »	
Thermometer der Lesegesellschaft von Loos			+ 0.6 »	

Die Ablesungen wurden jeweilen sofort corrigiert und dann niedergeschrieben. Wie sehr auf möglichste Kenntnis und Elimination von Lokal-Störungen geachtet wurde, beweisen zahlreiche Reihen vergleichender Beobachtungen; bei einer solchen stellte sich z. B heraus, dass an sonnigen Tagen das Control-Thermometer im Museum einen störenden Reflex erhielt; diesem Umstande wurde stets sorgfältig Rechnung getragen.

Auf die später verwendeten Thermometer beziehen sich folgende Angaben:

1863 Dezember: Minimum-Thermometer zeigt 0.2° C. zu hoch, trockenes und feuchtes Psychrometer-Thermometer beide 0,2 C. zu hoch.

1866 Juni: Die Correktion ist mittlerweile auf 0 3 C. angewachsen.

1869 Mai: Trockenes und feuchtes Thermometer eines neuen Psychrometers beide um 0°.3 C. zu hoch.

3. Als Hygrometer dienten anfänglich ein Deluc'sches Fischbeinhygrometer und zwei von Gourdon bezogene Haarhygrometer, von denen eines durch P. Merian, das andere durch Fürstenberger abgelesen wurde. Obschon dieselben nebeneinander aufgestellt gut harmonierten, zeigten sie, an ihre Standorte in St. Johann und Neue Vorstadt verbracht, oft ziemlich verschiedene Feuchtigkeitsgrade an. Als beim Sturm in der Nacht vom 11./12. Januar 1832 das Haar eines dieser Instrumente zerriss, fand ein von Prof. Huber herrührendes Instrument vorübergehend Verwendung, bis am 14 Juni ein neues Hygrometer von Gourdon anlangte. All' diese Apparate verursachten wegen der fortwährenden Aenderungen des Sättigungspunktes viel Mühe, und es sind die damit gewonnenen Resultate nicht eben sehr genau. Darum wandte sich P Merian später ausschliesslich dem Psychrometer zu.

4. Windfahne. — Zu ähnlichen Studien über die Güte verschiedener Instrumente bot auch die Windfahne wiederholten Anlass; P. Merian fand die von seiner Wohnung in der St. Johann aus sichtbare auf der Predigerkirche ungleich beweglicher, als die vor seines Bruders Fürstenberger Fenster. Als die Station im Domhof sich befand, hinderten im Sommer die Bäume den Blick auf die benachbarte, zur Winterszeit notierte Fahne auf dem Aescheuschwibbogen, und es musste die weit entfernte der Peterskirche erspäht werden, daher alle Windbeobachtungen vom Mai bis Oktober eine geringere Zuverlässigkeit als die übrigen besitzen.

5 Regenmessungen — Die Beobachtungen, die anfänglich mit viel Mühe und Sorgfalt in's Werk gerufen wurden und auch von Ratsherrn P. Merian selbst eine Bearbeitung [51]) erfuhren, sind, wie er später ausdrücklich bezeugte, als durchaus unzuverlässig anzusehen; brauchbare Messungen begannen erst, als 1863 das Instrument im neuen botanischen Garten vor dem Aeschentor aufgestellt und von Herrn Krieger abgelesen wurde.

Verarbeitung der Beobachtungen.

Die Reduktion der täglichen Beobachtungen und die Berechnung der Monats- und Jahres-Mittel führte Ratsherr P. Merian selbst aus, auch veröffentlichte er ziemlich regelmässig kurze Jahres-Uebersichten, sowie eine Anzahl spezieller Studien. Die vollständige Beobachtungsreihe ist auch in den »Schweizerischen meteorologischen Beobachtungen« publiziert, doch sind die Zusammenstellungen der Monatsmittel von Temperatur und Barometerstand keineswegs homogen, und bedürfen noch einer Revision. Ein Verzeichnis der meteorologischen Abhandlungen P. Merian's findet sich im Programm zur Rektoratsfeier der Universität Basel 1883, verfasst von Herrn Prof. Rütimeyer; wir fügen demselben nur noch bei einen Aufsatz über den kalten Winter 1829/30, erschienen in den »Baslerischen Mitteilungen« Nr. 5, S. 113—120 und Nr. 6, S. 137—143.

3. Die Beobachtungen des Bau-Collegiums.

Gegen Ende des vorigen Jahrhunderts hatte der Rhein mehrmals seine Ufer in unserer Stadt auf bedeutende Strecken unterwaschen und zum Teil weggespült, so dass längs des ganzen Flussbettes von der Pfalz bis zum Rheintor und der Türkenschanze kostspielige Bauten aufgeführt werden mussten. Aus dieser Veranlassung wurde im Jahre 1800 unter der Leitung des Artilleriemajors Haas durch den damaligen Wagenmeister J. Schäfer, Orismüller, das Rheinbett vermessen, die Geschwindigkeit der Strömung bestimmt und all' das in einem Plane eingetragen, der dann auch die nötigen Aufschlüsse über die Ursache der Beschädigungen ergab.[52]) Durch das Unternehmen der Linth-Correktion war man auf die Wichtigkeit regelmässiger Beobachtung der Wasserstände für die Planierung von Uferbauten hingewiesen worden, und so wurde auch hier in Basel durch Ratsherrn Stehlin im Jahre 1808 ein Pegel bei der alten Rheinbrücke angebracht. Derselbe hat eine Länge von 22 badischen Fuss oder 6,6 Meter. Ungefähr um dieselbe Zeit kamen auch weiter rheinabwärts bis Mannheim durch Oberst Tulla eine Anzahl Pegel zur Aufstellung. Die regelmässigen Ablesungen am Basler Pegel begannen den 12. März 1808, bald traten auch Notizen über die Witterung hinzu und später Temperatur- und Barometerbeobachtungen. Eine Zeit lang müssen die Beobachter mit sehr regem Interesse diesen Aufzeichnungen obgelegen sein; es findet sich in den Protokollen lange Zeit sorgfältig jedes Gewitter notiert, unter Angabe der Stunde seines Eintritts. Auch Beobachtungen über Grundeis, Wasserfarbe und anderes sind darin enthalten. Diese Aufzeichnungen befinden sich gegenwärtig im Archiv des Bau-Departements, und es ist dem Verfasser angenehme Pflicht, Herrn Stadelmann die Gefälligkeit, mit der er sie mir schon vor längerer Zeit zur Durchsicht vorgelegt hatte, auch an dieser Stelle zu verdanken.

51) Bericht über die Verhandlungen der naturforsch. Gesellschaft zu Basel, Bd. VI, 1842, S. 25.

52) Aus einem Schreiben des Präsidenten des Kantons-Bauamtes von Basel, Herrn Stehlin d. R., datirt vom Okt. 1822. Meteorologische Beobachtungen des Baukollegiums Heft 1.

Ueber den Inhalt dieser Beobachtungen möge noch folgendes angeführt sein:

1808 März 12 bis 1819 Mai 31 täglich einmalige Notierung des Rheinstandes und des Witterungscharakters. Zuweilen auch dreimal täglich.

1819 Juni 1. bis 1828 Dezember 31. einmal täglich Pegelstand, Barometerstand (in Pariser Zoll und Linien) und Temperatur (R.) Die Beobachtungen scheinen Morgens 8 Uhr angestellt worden zu sein und sind lückenlos. Es waren zwei Pegel vorhanden, einer an der Schifflände, der andere am Käppeli-Joch

1829 Januar 1. beginnen dreimal tägliche Ablesungen von Rheinhöhe, Barometerstand, Lufttemperatur und Witterungscharakter, genaue Zeitangaben über den Eintritt von Gewittern, Grundeis, Hagel, Regen, Schnee etc. Die Beobachtungsstunden sind im Winter 7, 12 und 2 Uhr, im Frühling und Herbst 6, 12 und 2 Uhr, im Sommer 5, 12 und 2 Uhr. Doch findet der Uebergang von einem Beobachtungstermin zum andern nicht jedes Jahr am nämlichen Datum statt.

1849 wurde die Nachmittagsbeobachtung im Winter auf Abends 4 Uhr, im Frühjahr und Herbst auf 5 Uhr, im Sommer auf 6 Uhr verlegt. Die Beobachtungsstunden sind nicht mehr so regelmässig wie früher innegehalten.

1866 fällt die Abendbeobachtung weg.

1867 beginnen regelmässige Notizen über die Farbe des Rheinwassers.

1869 fällt die Morgenbeobachtung des Pegels weg, dagegen werden noch Thermometer und Barometer abgelesen und der Witterungscharakter notiert.

1875 November reduzieren sich die Beobachtungen auf eine einzige Temperatur- und Barometerablesung im Tag.

1876 Dezember schliesst die Reihe dieser Aufzeichnungen nach 68jährigem Bestande ab.

Von 1843 bis in die 50er Jahre wurden auch an der Wiese, da wo der Burckhardt'sche Kanal nach Klein-Hüningen abzweigt, Pegelbeobachtungen vorgenommen und zugleich 8 Uhr Morgens Temperatur, Barometerstand und Witterung aufgeschrieben.

—

4. Andere Beobachtungen aus neuerer Zeit.

In den Jahren 1836, 38 und 39 hat Baumeister Pack im schattigen Hofe des schwarzen Adlers an der Ochsengasse in Klein-Basel eine Serie von Temperaturbeobachtungen angestellt, gewöhnlich um Tages-Anbruch und Nachmittags 2 Uhr. Die Ergebnisse sind graphisch aufgezeichnet in der Art, dass für jeden Tag eine Temperaturscale aufgetragen ist, auf welcher der Zwischenraum zwischen der Morgen- und Mittags-Temperatur farbig ausgefüllt ist. Aus dieser Darstellung springt die Tagesschwankung der Wärme sofort in die Augen, man erkennt, dass sie im Winter recht gering ist und dann gegen das Frühjahr mächtig anschwillt, bis zu 14 und 17° R. im Mai 1838. Da für Regentage eine andere Farbe gewählt ist, als für die schönen, so liest man aus der Zeichnung unmittelbar die durch den Niederschlag herbeigeführte Verminderung der Schwankung heraus, ebenso, dass Niederschläge im Winter Erwärmung, im Sommer Abkühlung bringen.

Der Zweck, den der Beobachter mit seinen Aufzeichnungen verfolgte, war offenbar eine Grundlage für die Wettervoraussage zu gewinnen, und da dies durch blosse Temperaturaufzeichnungen nicht gelang, so fügte er vom Mai 1839 an auch den täglichen Stand und Gang des Barometers und zweimal täglich die Windrichtung hinzu, letztere minutiös nach 32teiliger Windrose bestimmt. Regelmässig wiederkehrende, mit Sorgfalt eingezeichnete Mondphasen deuten an, dass der Beobachter auch diesem Gestirne einen Einfluss auf das Wetter beigemessen habe; er fasst denselben nach seinen Erfahrungen schliesslich in die Regel zusammen:

»Die Witterung bleibt gewöhnlich von einem Mondviertel bis zum andern gleich fort, fängt es 1 oder 2 Tage vor einem Viertel zu balancieren an, so wird sich das Wetter ändern;

fällt der Barometer und geheu noch Westwinde, kann man gewiss sein, dass Regen erfolgt. Ein und zwei Tage nach dem Viertel entscheidet die Witterung. Es ist also übel gethan, Gras abmähen zu lassen, wie zu Land noch sehr verbreitet ist, so aus den Beobachtungen und Erfahrung ersichtlich, dass wahrscheinlich wenigstens 8 Tage Regen erfolgen wird.«

Eine langjährige und wertvolle Beobachtungsreihe verdanken wir endlich dem Lithographen Adolf Huber.[53]) Von Weihnachten 1853 bis 28. Februar 1886 beobachtete er die täglichen Extreme der Temperatur (eigentlich Temperatur bei Sonnenaufgang und Nachmittags 2 Uhr), Windrichtung und Bewölkung und dann eine Menge von Erscheinungen, die recht geeignet sind, zwischen den abstrakten Zahlen der meteorologischen Register und den Gefühlseindrücken, die uns das Wetter hinterlässt, zu vermitteln, so namentlich phänologische Beobachtungen[54]) mannigfacher Art an Pflanzen und Tieren, Zeit der ersten und letzten Heizung des Zimmers, und dann in sehr vollständiger Weise das Auftreten einer Schneedecke.[55]) Besonders die letztern Beobachtungen verleihen den Huber'schen Aufzeichnungen hohen Wert; es dürfte nicht viele Stationen geben, für welche so ausgedehnte Beobachtungen dieses lange als Stiefkind behandelten Witterungselementes vorliegen, wie sie Basel durch Adolf Huber's Fleiss besitzt.

Die Beobachtungen wurden von 1854 bis Oktober 1855 in der Spalen-Vorstadt, dann bis Oktober 1858 in der kürzlich durch Abbruch dem Marktareal einverleibten Sporrengasse angestellt, vom Oktober 1858 bis 1. Juli 1861 in einem andern etwas weniger günstigen, gegen einen Hof gelegenen Lokale ebenfalls an der Sporrengasse, und vom Juli 1861 bis zum Schluss der Reihe in Allschwylerstrasse Nr. 31. Dort hieng das Thermometer in einer offenen Gartenlaube, gegen direkte Strahlung und Reflex gut geschützt an einem Holzpfeiler ca. anderthalb Meter über dem Boden. Die Windrichtung wurde an der Fahne auf dem Spalentor abgelesen.

Huber wurde bei seinen Aufzeichnungen durch ein ideales wissenschaftliches Interesse geleitet, und nach dem Muster von mancherlei klimatologischen Arbeiten, die er eifrig studirte, suchte er sein selbstgewonnenes Material zu hübschen Zusammenstellungen zu verwerten. Während einer Reihe von Jahren erschienen seine Jahresübersichten regelmässig in einem hiesigen Tagesblatte. Was seinen Beobachtungen bleibenden Wert verleiht, ist die peinliche Sorgfalt und Gewissenhaftigkeit, sowie die nie erlahmende Ausdauer, mit der er das einmal begonnene lückenlos und gleichartig zu Ende geführt hat. Seine Manuskripte wurden von seiner Witwe der meteorologischen Anstalt im Bernoullianum zum Geschenk gemacht, eben da werden auch die Aufzeichnungen von Baumeister Pack aufbewahrt.

5. Die Beobachtungen im Bernoullianum.

Mit der Eröffnung der physikalischen Anstalt der Universität im Bernoullianum am 2. Juni 1874 wurde der meteorologischen Station, die so lange unter der rein privaten Pflege von Ratsherrn P. Merian gestanden hatte, eine erste staatliche Anerkennung zu Teil. Ein an der Nordfront gelegenes Zimmer im ersten Stock des Gebäudes wurde zur Aufnahme der

---

53) Ueber den Lebensgang von Ad. Huber vgl. d. Verfassers: Die Niederschlagsverhältnisse von Basel, S. 2.

54) Zum Teil veröffentlicht in : Verhandlungen der naturforschenden Gesellschaft in Basel. Bd. 6. 1878. Tabelle nach S. 296.

55) Publizirt und verarbeitet in der oben erwähnten Schrift: „Die Niederschlagsverhältnisse etc "

meteorologischen Instrumente bestimmt. Die Station steht unter der Leitung des Vorstehers der physikalischen Anstalt, Herrn Prof. Hagenbach-Bischoff, die Beobachtungen besorgt seit deren Beginn der Mechaniker des Hauses, Herr Preiswerk, und seit Januar 1881 ist der Verfasser mit den übrigen Geschäften der meteorologischen und astronomischen Abteilung betraut.

Das Instrumentarium entspricht dem einer schweizerischen Station zweiter Ordnung, und besteht aus Barometer, Psychrometer, Regenmesser und Windfahne. Die Beobachtungen werden dreimal täglich, um 7, 1 und 9 Uhr ausgeführt und erstrecken sich ausser den Ablesungen der Instrumente noch auf die Notirung der Bewölkung und des Witterungszustandes.

Im September 1884 schenkte Herr Optiker E. Suter der Anstalt eine vollkommen homogene, geschliffene Vollkugel aus Glas von 9,5 cm. Durchmesser; zu derselben wurde durch Herrn Usteri-Reinacher in Zürich ein zweckmässiges Stativ erstellt, und so gelangte das Institut auf erfreulichste Weise in den Besitz eines sonst nur zu hohem Preise aus England erhältlichen Sonnscheinmessers. Mit Juli 1885 trat der Apparat in Funktion und hat seither regelmässig die Dauer des Sonnscheins registrirt.

Ueber das Stationsbarometer ist oben schon das Nähere mitgeteilt worden.

Als Stationsthermometer dienen von Anfang an zwei von Dr. Geissler in Bonn verfertigte Quecksilberthermometer mit Scale nach Celsius, in ¹/₆ Grad geteilt. Wiederholte Eispunktsbestimmungen ergaben folgende Bewegung des Eispunktes:

	Trockenes Thermometer.	Feuchtes Thermometer.
1874 September 1.	0,0	0,0
1883 März 8.	+ 0,3	+ 0,3
1884 November 25.	+ 0,36	+ 0,35
1886 Dezember 21.	+ 0,4	+ 0,4
1889 Februar 28.	+ 0,4	+ 0,4
1891 Januar 13.	+ 0,42	+ 0,40

Ausserdem sind noch zwei ebensolche Reservethermometer vorhanden, deren Eispunkte liegen nach der Bestimmung vom 13. Januar 1891 bei

Thermometer a) + 0,38   Thermometer b) + 0,42.

Bis im Jahre 1881 diente ein Metallthermograph von Hermann und Pfister zur Bestimmung der Temperatur-Extreme, sein Gang war jedoch im Laufe der Jahre träge geworden und er musste ausser Dienst gestellt werden. An seine Stelle trat ein Six'sches Maximum- und Minimum-Thermometer, doch versagte auch dieses nach einiger Zeit.

Die Aufstellung der Thermometer ist keine vollkommene, sie stehen zu nahe am Gebäude und sind gegen die Sonnenstrahlen früh Morgens und Abends nicht hinlänglich geschützt. Ueber den Betrag der hieraus resultirenden Fehler wird weiter unten noch Näheres angegeben werden.

Die Windfahne hatte ursprünglich auf einem Maste nördlich vom Gebäude gestanden. Als dieser morsch wurde, konnte dieselbe, Dank dem gefälligen Entgegenkommen des Besitzers des Hauses Mittlere Strasse 11, auf dessen frei gelegenem Giebel angebracht werden. Später wurde eine zweite Windfahne auf dem Gebäude selbst errichtet, eine vom Mechaniker des Hauses erfundene Einrichtung gestattet, sie auf elektrischem Wege im Beobachtungszimmer selbst abzulesen.

Am meisten Aenderungen erlitten die Instrumente zur Regenmessung. Ursprünglich war ein von Hermann und Pfister in Bern bezogenes Auffanggefäss von runder 5 dm² haltender Oeffnung in Gebrauch. Dasselbe stand auf der Brüstung der Terrasse, 1,3 m. über der Dachfläche und 13 m. über dem Niveau der Strasse. Am 16. Mai 1881 wurde ein zweites gleiches

4*

Instrument neben dem ersten aufgestellt, beide wurden zu einem speziellen Zwecke [56]) bis zum 12. Juni 1882 neben einander abgelesen, dann war bis zum 17. März 1883 bloss noch der alte im Gebrauch, vom genannten Tage bis heute an seiner Stelle der neue. Am 12. Juni 1882 trat ein von Herrn Usteri-Reinacher in Zürich bezogenes kleineres Instrument von nur 1 dm² Auffangfläche in Dienst, zunächst neben dem grossen auf der Terrasse, dann vom 31. Mai 1883 an im Hofe auf der Nordseite des Gebäudes. Durch letzteres Instrument sollte entschieden werden, ob, wie wahrscheinlich, in der den Winden exponirten Lage auf der Terrasse eine zu geringe Niederschlagsmenge aufgesammelt würde, und als sich diese Erwartung bestätigt hatte, wurde mit dem 1. Januar 1889 der grosse Regenmesser ebenfalls in den Hof versetzt.

Ausser den Instrumenten ist im Beobachtungszimmer noch eine hübsche Sammlung interessanter Blitz- und Frostwirkungen aufgestellt, die sich Dank der Munifizenz mancher Freunde der Anstalt von Jahr zu Jahr etwas bereichert.

Mit der Station im Bernoullianum stehen eine Anzahl von Stationen der Umgebung in Verbindung und senden in sehr dankenswerter Weise regelmässig ihre Beobachtungen ein. Dieselben sind nach der Zeitfolge ihres Entstehens folgende:

1863 Dezember 1. Regenstation im botanischen Garten vor dem Aeschentor, versehen mit einem Regenmesser grossen Modells (5 dm²). Beobachter: Herr Universitätsgärtner Krieger bis Ende Juni 1888, seither Herr Universitätsgärtner Urech.

1882 Mai. Stationsnetz der basellandschaftlichen Regierung, umfasst gegenwärtig eine Station zweiter Ordnung in Liestal und 15 Regenstationen (mit Regenmessern kleinen Modells).

1882 Juli 1. Regenstationen des städtischen Gas- und Wasserwerks in Grellingen und Seewen.

1884 Dezember 1. Station dritter Ordnung in Langenbruck (Temperatur-, Wind- und Himmelsbeschaffenheit, 7, 1 und 9 Uhr, Regenmenge 7 Uhr). Beobachter: Herr Lehrer Glur.

1885 Januar 1. Regenstation in Haagen im Wiesental. Beobachter: Herr Fabrikdir. Engler.

1887 Januar 1. Station zweiter Ordnung in Buus. (Temperatur, Feuchtigkeit, Windrichtung, Bewölkung, Niederschläge, seit Januar 1892 auch Barometerstand, 7, 1 und 9 Uhr, Temperaturextreme, Niederschlagsmenge.) Beobachter: Herr Pfarrer Bührer.

1887 Januar 1. Station dritter Ordnung in der Irrenanstalt (Temperatur, Bewölkung, Wind, 7, 1 und 9 Uhr, Niederschlagsmenge). Beobachter: Herr cand. med. Wille.

1888 März 1. Regenstation in Riehen. Beobachter: Herr Sekundarlehrer Rohner.

1888 März. Regenstation Bernoullistrasse 20.

1888 Juni. Registrir-Regenmesser aus der Werkstätte Usteri-Reinacher, aufgestellt in Bernoullistrasse Nr. 20. Beobachter: A. Riggenbach.

1889 April 1. Regenstation in Schönau im Wiesental. Beobachter: Herr J. Iselin-Merian, Fabrikant.

1889 Juli 1. Regenstation in Bettingen. Beobachter: Herr Ed. Greppin, Chemiker.

1889 August 24. Registrir-Barometer aus der Werkstätte Usteri-Reinacher, aufgestellt Bernoullistrasse 20. Beobachter: A. Riggenbach.

1890 Juli 15. Regenstation in Bettingen. Beobachter: Herr stud. phil. Weiss.

(Wo nicht etwas anderes bemerkt, ist der kleine Regenmesser in Gebrauch.)

---

56) Vergl. Riggenbach. Die bei Regenmessungen wünschbare und erreichbare Genauigkeit. Verhandlungen der naturforsch. Gesellschaft zu Basel. Bd. 7, S. 579—590.

Eine vorläufige Verarbeitung findet das einlaufende und an der Station selbst gewonnene Beobachtungsmaterial in den in den Verhandlungen der hiesigen naturforschenden Gesellschaft gedruckten alljährlichen Witterungsübersichten (von 1881 an). Definitiv verarbeitet ist bis jetzt bloss ein Teil der Temperaturbeobachtungen in:

G. Schröder. Der tägliche und jährliche Gang der Lufttemperatur. Wissenschaftliche Beilage zum Bericht der Realschule zu Basel, 1882

und die Niederschläge in des Verfassers mehrerwähnten Schrift.

Die Barometerbeobachtungen Basels haben teilweise Aufnahme und Bearbeitung gefunden in dem grossen Werke von

J. Hann. Die Verteilung des Luftdrucks über Mittel- und Südeuropa. Geographische Abhandlungen, Bd. 2, Heft 2, Wien 1887,

die Temperaturbeobachtungen in

J. Hann. Die Temperaturverhältnisse der österreichischen Alpenländer, Sitzungsberichte der Kais. Akad. der Wissenschaften, Bd. 92, 2. Abt., Wien 1885 und

Jahrbücher der k. k. Zentral-Anstalt für Meteorologie und Erdmagnetismus 1885. S. 265, ferner in

Singer. Temperatur-Mittel für Süddeutschland. Beobachtungen der meteorologischen Stationen im Kgr. Bayern, Bd. X, Jahrgang 1888.

III. Beobachtungen von frühern Schülern des Pädagogiums.

—

I. Beobachtungen in der Irren-Anstalt.

Von den oben erwähnten Beobachtungen, welche Herr cand. med. W. Wille in der Irren-Anstalt ausführt, liegen nun 5 volle Jahrgänge vor, so dass für eine Diskussion hinlängliches Material bereit ist. Das Thermometer, entsprechend dem auf den schweizerischen Stationen verwendeten, ist in einem eben solchen Blechgehäuse, wie im Bernoullianum, vor dem Treppenfenster an der Nordwestfront im zweiten Stockwerk der Directorial-Wohnung der Irren-Anstalt aufgestellt. Die freie Lage dieses Gebäudes, sowie die Orientirung sind weit günstiger als im Bernoullianum. Zwei Eispunktsbestimmungen, ausgeführt am 21. Dezember 1886 und 26. Dezember 1887, ergaben übereinstimmend, dass das Thermometer 0,2° C. zu hoch zeigt.[57]

Aus den über 5000 Einzelablesungen des Herrn Wille und ebenso vielen im Bernoullianum ist die folgende Tabelle abgeleitet; sie gibt an, um wie viel im 5jährigen Durchschnitt die Temperatur in der Irrenanstalt höher war, als im Bernoullianum.

Temperatur-Differenz: Irren-Anstalt — Bernoullianum.

1887—91	7 Uhr	1 Uhr	9 Uhr	¼ (7 + 1 + 2.9) Mittel
Januar .	— 0.02	0.58	— 0.29	0.00
Februar	— 0.11	**0.61**	— 0.16	0.04
März .	— 0.02	0.58	— 0.34	— 0.03
April .	— 0.46	0.47	— 0.49	— 0.24
Mai .	— 0.57	0.26	— 0.51	— 0.33
Juni . .	— **0.79**	0.08	— **0.81**	— 0.58
Juli . .	— 0.62	0.00	— 0.54	— 0.42
August .	— 0.21	0.38	— 0.24	— 0.08
September .	— 0.03	**0.70**	— 0.23	0.05
Oktober .	— 0.02	0.62	— 0.26	0.02
November .	— 0.05	0.63	— 0.15	0.07
Dezember .	— 0.09	0.50	— 0.03	0.09
Jahr .	— 0.25	0.45	— 0.34	— 0.12

Aus der Zusammenstellung erhellt:

1. Morgens und Abends steht das Thermometer im Bernoullianum höher, im Winter nur wenig, zur Zeit der langen Tage Mai bis Juli beträchtlicher, es weist dies auf einen Einfluss der directen Sonnenstrahlung, oder viel wahrscheinlicher auf den nachhaltigeren der bestrahlten Mauerfläche hin.

57) Vgl. Verhandlungen der naturforsch. Gesellschaft zu Basel, Bd 8, S. 559.

2. Die Mittagstemperatur ist durchweg und besonders im Winter im Bernoullianum niedriger, als in der Irrenanstalt, was auch wieder am einfachsten durch eine Wirkung der Masse des Gebäudes erklärlich ist, da diese zur Zeit der höchsten Lufttemperatur viel kühler, als die Luft selbst ist. Im Winter, wo die Lufttemperatur während des grössten Teiles des Tages sich ziemlich gleich bleibt und nur über Mittag für kurze Zeit höher ansteigt, muss sich dieser Einfluss des Gebäudes besonders deutlich zeigen, während im Sommer durch die vorausgegangene Bestrahlung am Morgen der abkühlende Einfluss grossenteils paralysirt wird. Damit im Einklange steht der jährliche Gang dieser Differenzen, sie bleiben vom September bis April nahe constant; sie sinkt dann, sobald die Sonne merklich nordwärts vom Ostpunkte aufgeht, ziemlich rasch, und steigt ebenso rasch wieder im September, mit welchem Monat die Morgenbestrahlung der Nordfront erloschen ist.

Sollen also die Thermometer dieser Störung entzogen werden, so wird es notwendig sein, sie in besonderer Hütte im schattigen Hofe hinter dem Gebäude zu plaziren.

2. Lokale Ablenkung der Winde.

Unsere Stadt wird von dem ca. 200 m. weiten und 20 m. tiefen Tale des Birsig durchzogen, in der Gegend der Steinen-Vorstadt verläuft dasselbe ziemlich genau von Südwest nach Nordost. Nahe der Talsohle auf dem Hause Steinenvorstadt Nr. 27 befindet sich eine frei gelegene Windfahne; ein in der Nähe wohnender Schüler des Pädagogiums, Herr August Wetter, jetzt Pfarrvikar in Clarens, hat dieselbe eine Zeitlang regelmässig Mittags um 1 Uhr abgelesen. Seine Aufzeichnungen erstrecken sich vom März 1882 bis zum August 1883 und liefern ein hübsches Material, die Ablenkung der das Plateau überwehenden Winde durch den Talverlauf zu studieren.

In der folgenden Tabelle ist zusammengestellt, wie oft, wenn die am Kopfe angegebene Windrichtung im Bernoullianum notirt wurde, gleichzeitig die Windfahne in der Steinen-Vorstadt den auf der linken Seite genannten Wind angezeigt hat.

Häufigkeit der Windrichtungen.

		N	NE	E	SE	S	SW	W	NW	Summe
	N	22	6	6	2	3	2	10	17	68
	NE	44	6	17	11	13	10	12	22	135
	E	3	2	12	1	2	—	1	3	24
Steinen-Vorstadt	SE	3	2	13	2	6	1	1	2	30
	S	1	1	5	1	5	2	4	4	23
	SW	10	2	13	12	13	17	53	21	141
	W	2	—	—	—	—	1	9	2	14
	NW	4	—	—	—	1	—	4	4	13
	Summe	89	19	66	29	43	33	94	75	448

Bernoullianum

Die unterste Zahlenreihe gibt die Rose der Häufigkeit der im Bernoullianum beobachteten Winde an, die äusserste Zahlenkolonne rechts die entsprechende Windrose für die Fahne der Steinenvorstadt. Beide Zahlenreihen sind in Figur 1 in der Weise graphisch veranschaulicht, dass auf den 8 Hauptrichtungen Längen abgetragen sind proportional der Anzahl der aus der betreffenden Richtung herkommenden Winde.

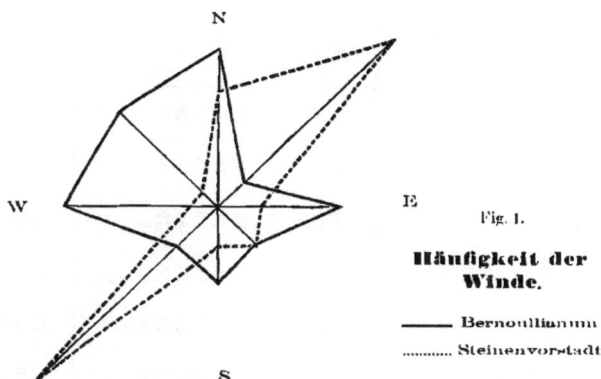

N

W

E

Fig. 1.

Häufigkeit der Winde.

——— Bernoullianum

·········· Steinenvorstadt

S

Aus der Figur ist auf den ersten Blick ersichtlich, dass oben auf dem Plateau des Bernoullianums die West-, Nord- und Ostwinde überwiegen, das heisst die aus den Himmelsstrichen, nach welchen das Land offen ist. Im Birsigtal dagegen zeigen die Winde in der Längsrichtung eine überwiegende Präponderanz, und namentlich ist hier das häufige Auftreten des Nordost, dieses auf dem Plateau seltensten Windes, frappant. Die Tabelle zeigt ferner, dass ein schräg gegen den Talrand gerichteter Oberwind im Tale am häufigsten einem Längswinde ruft mit einer dem Oberwinde gleichgerichteten Componente, so ruft ein Nord auf dem Plateau am häufigsten einem Nordost im Tal. Für die Südost- und Nordwestwinde, welche beide quer über das Tal hinwegblasen, sind als begleitende Talwinde Nordost und Südwest nahe gleich häufig. Ein eigenartiges Verhalten zeigen die Oberwinde parallel dem Talweg. Es stimmt zwar, wie zu erwarten, der Talwind in diesem Falle der Richtung nach vorwiegend mit dem Oberwinde überein, jedoch weist der Südwest auch eine nicht unbeträchtliche Zahl von Gegenwinden als Begleiter auf. Es hängt das wohl damit zusammen, dass das Tal gegen den Rhein zu nach Nordwest hin umbiegt, der Südwest sich also in einem Kessel fängt und einen Wirbel mit horizontaler Axe erzeugt. Demselben topographischen Grunde ist zuzuschreiben, dass ein Nordost auf dem Plateau, der vom Rhein in's Birsigthal eintritt und also unterhalb der Steinenvorstadt als Nordwest das Tal hinaufsteigt, die Windfahne ziemlich häufig auf Nord stellt.

3. Der tägliche Gang der Bewölkung.

Stündliche Aufzeichnungen der Bewölkung des Himmels sind immer noch eine Seltenheit in den meteorologischen Tagebüchern, wohl desswegen, weil kein Instrument dem Beobachter die Mühe der unausgesetzten Ausschau abnimmt. Nur von ganz wenigen Orten ist bis jetzt der tägliche Verlauf der Bewölkung bekannt. Wir stehen darum nicht an, die einzelnen Monatsmittel einer etwa 11,000 Einzelbeobachtungen umfassenden Reihe, die Herr Rudolf Weth, jetzt Doctor Phil. und Assistent der schweizerischen meteorologischen Central-Anstalt, vom April 1885 bis August 1887 mit grosser Beharrlichkeit und vielem Geschick durchgeführt hat, hier vollständig zum Abdruck zu bringen.

Täglicher Gang der Bewölkung.

Monats-Mittel. Bewölkte Himmelsfläche in Procenten der Gesammtfläche.

	Vormittag						Nachmittag										Mittel
	7	8	9	10	11	12	1	2	3	4	5	6	7	8	9	10	
1885																	
April (22 Tage)	70	67	69	67	71	72	69	73	70	71	73	73	62	61	64	63	68
Mai	71	72	78	78	79	77	78	77	80	82	77	77	69	68	65	71	75
Juni (27 Tage)	50	40	30	31	34	41	50	52	53	47	49	56	54	56	53	45	46
Juli (28 Tage)	48	47	49	50	54	53	59	59	57	62	58	56	54	47	47	44	53
November	91	86	85	87	84	85	77	78	77	79	80	82	84	84	86	96	83
Dezember	80	80	80	76	77	80	77	76	75	74	72	69	71	66	63	61	74
Mittel der 6 Monate	68	65	64	65	66	68	68	69	69	69	68	69	66	64	63	62	66
1886																	
Januar	92	89	86	83	89	89	92	95	96	97	93	89	88	88	84	86	90
Februar	74	64	66	68	71	62	51	52	52	59	65	61	60	69	67	67	63
März	57	65	65	57	59	65	66	56	54	54	53	55	53	46	53	50	57
April	72	73	71	66	67	67	69	71	77	77	75	77	67	62	59	56	69
Mai	52	54	55	56	56	58	63	67	67	64	67	66	67	58	51	46	59
Juni	84	84	87	92	89	88	88	85	87	85	84	87	89	87	84	80	86
Juli	48	45	52	54	52	52	51	53	53	50	53	48	46	44	40	39	49
September (11 Tage)	95	80	77	73	65	65	65	66	81	72	67	65	55	52	45	45	67
Oktober	84	85	82	81	75	75	74	75	74	72	71	65	62	68	74	80	75
November	96	89	88	81	76	83	78	76	77	78	75	70	75	72	66	68	78
Dezember	92	86	89	92	94	94	94	95	99	100	96	90	91	93	92	89	93
Mittel der 11 Monate	77	74	74	73	72	72	72	72	74	78	73	70	68	67	66	64	71
1887																	
Januar	96	78	80	73	71	70	71	77	77	75	70	70	65	66	66	64	73
Februar (26 Tage)	73	57	58	55	55	50	45	50	52	48	48	47	52	49	46	43	52
März	98	90	86	82	75	75	78	73	73	71	72	68	66	66	68	69	75
April (29 Tage)	82	80	77	65	67	64	66	70	74	67	67	66	59	51	43	46	65
Mai	85	91	92	87	90	89	91	88	85	85	85	87	81	81	81	92	87
Juni	38	38	39	44	48	44	51	48	52	54	53	54	50	48	39	40	46
Juli (12 Tage)	51	52	48	38	48	68	63	64	64	67	67	65	59	54	50	48	57
August (22 Tage)	31	30	34	35	34	37	38	42	38	41	37	35	34	33	24	20	34
Mittel der 8 Monate	69	64	64	60	61	62	62	64	64	63	62	61	58	56	52	53	61

Die Beobachtungen wurden in der Art angestellt, dass man von einem Standort mit nicht allzu beengtem Horizonte von Auge abschätzte, wie viel Zehnteile der sichtbaren Himmelsfläche von Wolken eingenommen wurden. Wolkenloser Himmel wird mit 0 eingetragen, ganz bedeckter mit 10. Aus den täglich von 7 Uhr früh bis 10 Uhr Nachts sich erstreckenden Aufzeichnungen wurden die Monatsmittel auf zwei Dezimalen (⁰/₀₀) berechnet, in den hier mitgeteilten Tabellen jedoch überall die letzte Dezimale wieder weggelassen, so dass die Zahlen ausdrücken, wie viele Hundertel der sichtbaren Himmelsfläche im Durchschnitt von Wolken bedeckt sind.

Die Mittel der Monate März, April und Mai wurden zu einem Jahreszeiten-Mittel vereinigt, ebenso die der Sommer- und Herbstmonate. Diese Mittel sind in der folgenden Tabelle

Täglicher Gang der Bewölkung in den einzelnen Jahreszeiten.

	Vormittag						Nachmittag									Mittel
	7	8	9	10	11	12	1	2	3	4	5	6	7	8	9	10	
Winter	85	78	76	75	75	74	73	74	75	75	73	72	71	71	70	68*	74
Frühling	74	74	73	70	70*	71	72	72	72	71	71	71	66	62	60*	62	69
Sommer	50	48	48*	49	51	55	57	58	58	58	57	57	55	53	49	45*	53
Herbst	92	85	82	80	75	77	74*	74	77	75	73	71	69	69	48*	70	76
Jahr	75	71	70	69	68	69	69	69	71	70	69	68	65	64	62	61	68

zusammengestellt; sie zeigen einen regelmässigen Verlauf, zum Teil noch in der dritten hier weggelassenen Stelle. Nicht ganz so regelmässig ist der Verlauf der aus den Wintermonaten gewonnenen Mittel. Es wurde darum eine Ausgleichung vorgenommen in der Weise, dass man z. B. zum doppelten des 12 Uhr-Mittels die Mittel von 11 Uhr und 1 Uhr addirte, und die Summe durch 4 teilte. Die so erhaltenen regelmässig verlaufenden Zahlen sind als Wintermittel eingetragen, und als Jahresmittel der Durchschnitt der vier Mittel der einzelnen Jahreszeiten. In Figur 2 ist der durch die Tabelle gegebene Verlauf graphisch dargestellt.

Täglicher Gang der Bewölkung.

Fig. 2.

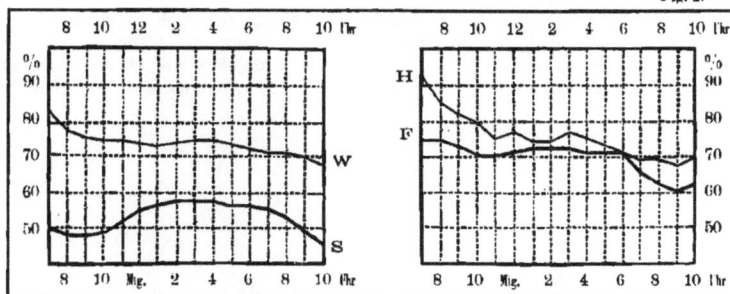

Aus den Curven liest man ohne weiteres ab:

1. Im Winter und Frühling und ganz besonders im Herbst ist die Bewölkung des Morgens am grössten, den Vormittag durch nimmt sie ab und erreicht etwa Nachmittags 3 Uhr ein zweites kleineres Maximum, gegen Abend hellt sich der Himmel mehr und mehr auf, doch scheint diese Abnahme der Bewölkung im Frühjahr und Herbst nur bis Abends 9 Uhr anzudauern.

2. Im Sommer ist das Nachmittags-Maximum stark ausgeprägt und überwiegt das Morgen-Maximum weit. Die Tagesstunde geringster Bewölkung liegt früher als in den übrigen Jahreszeiten.

Um einen Anhalt zu gewinnen, in wie fern die eben dargelegten Verhältnisse schon einen klimatischen Charakter tragen, oder mehr nur der Ausdruck der speziellen Witterung der beiden Beobachtungsjahre sind, haben wir nachstehend die Mittel der 7, 1 und 9 Uhr Beobachtungen des Herrn Weth mit den 10jährigen Mitteln der Bernoullianums-Beobachtungen zusammengestellt. Es ergibt sich eine vollkommene Uebereinstimmung für den Herbst, im Sommer da-

Vergleichung der 2jährigen Beobachtungen mit den 10jährigen 1881—1890.

		Mittlere Bewölkung						
		in %oo der Himmelsfläche				in % des Mittels		
		7	1	9	Mittel	7	1	9
Winter . .	10jährig	827	654	601	694	119	94	87
	2jährig	846	730	700	759	111	96	93
Frühling .	10jährig	675	612	581	623	109	98	93
	2jährig	736	719	604	686	107	105	88
Sommer .	10jährig	606	557	546	570	106	98	96
	2jährig	500	569	492	520	96	109	95
Herbst . .	10jährig	789	633	605	676	117	94	89
	2jährig	918	738	677	778	118	95	87
Jahr .	10jährig	724	614	583	641	113	96	91
	2jährig	750	689	618	686	109	101	90

gegen erscheint in den zweijährigen Beobachtungen, entsprechend dem Umstande, dass die Sommermonate der kurzen Reihe überwiegend zu hell waren, die tägliche Periode stärker ausgeprägt, als in der zehnjährigen Reihe, ähnlich im Frühjahre; für den Winter erscheint umgekehrt die tägliche Periode in der kurzen Reihe etwas zu wenig ausgesprochen.

Schlusswort.

Worauf zielen all' diese Beobachtungen ab? Ist es bald solcher Aufzeichnungen genug, oder sollen dieselben in's Unbegrenzte weitergeführt werden?

Wir wollen diese Fragen keineswegs vom streng wissenschaftlichen Standpunkte aus beantworten, von welchem aus jede mit Sicherheit festgestellte Tatsache über Naturvorgänge als wertvoll erscheint, sondern uns durchaus auf den praktischen Boden wirtschaftlicher Verhältnisse stellen. Unsere ganze Entwicklung drängt darauf hin, die Hilfsquellen, welche die Natur des Landes darbietet, in möglichst ausgiebigem Masse nutzbar zu machen; vor allem gilt es darum, diese Quellen genau kennen zu lernen, unter anderm also die klimatischen Verhältnisse, von denen die Auswahl und das Gedeihen unserer Kulturen, ja unser Leben selbst abhängt, sorgfältig zu erforschen.

Wie mancher Wasserlauf rinnt gegenwärtig noch ungenützt zu Tal, nichts anderes leistend, als Schutt und Geröllle in den Rhein wälzend. Wohl schwellt auf unseren See'n der Wind die Segel schwer beladener Lastschiffe, wo aber wird den mächtigen Winden, die über unsere Gipfel und Kämme hinwegblasen, ein Tribut abverlangt? Was leisten die Sonnenstrahlen, die auf kahlen Felsboden niederbrennen anders, als dass sie den Boden erhitzen und Staub aufwirbelnde Winde wecken? Einstweilen noch hat die Industrie von all' diesen Hilfsquellen grossenteils abgesehen, die Natur liefert uns noch in verschwenderischer Fülle das schwarze Gold, die Kohle. Wie aber, wenn diese rarer wird oder teurer im Preise? Dann muss sich der Blick sofort den noch ungehobenen Arbeitsschätzen zuwenden; dann ist es unabweisbares Bedürfnis, zu wissen, in welchem Ausmaasse jene Quellen fliessen und welchen Einsatz an Kapital für Unternehmungen zu ihrer Fassung sich zu verwenden lohnt; dann ist es zu spät, erst Erfahrungen zu sammeln; die Zeit, welche ungenützt verstrichen, ist unwiederbringlich verloren.

Ueber manchen dieser klimatischen Faktoren geben uns die bisherigen Beobachtungen bereits hinreichenden Aufschluss. Die Werte der mittleren Jahrestemperatur, der durchschnittlichen Zahl der Regentage und andere dürften sich aus längeren Beobachtungsreihen kaum merklich verschieden ergeben. Viele andere aber, wie die Dauer und Stärke der Insolation, die Schwankungen des Niederschlags, die Kraft der Winde, sind noch lange nicht genügend erforscht.

Alle diese klimatischen Faktoren sind ferner von Jahr zu Jahr erheblichen Schwankungen unterworfen. Da hat die klimatologische Statistik für die Landwirtschaft und die auf sie sich gründenden Industrien das zu leisten, was die Buchhaltung für ein geordnetes Geschäft. Wie sollen wir ein sicheres Urteil gewinnen über die Ursache von Missernten und Fehljahren des Weins, wenn uns die Kenntnis mangelt, was die Natur an Wärme und Feuchtigkeit gespendet hat? Wie sollen wir die tiefern Ursachen wirtschaftlicher Krisen ausfindig machen können, wenn nicht durch klimatologische Erhebungen beigebracht werden kann, ob die Natur ihre Gaben zurückgehalten habe, ob solche Perioden der Armut eine Verschlechterung unseres Klimas repräsentieren, oder ob sie nur vorübergehende Phasen im periodischen Wechsel der Naturerscheinungen sind?

Gegenüber diesen wichtigen Fragen von allgemeiner wirtschaftlicher Bedeutung, welche meteorologische Beobachtungen zu beantworten allein ermöglichen, tritt ihr Nutzen zurück, den sie schon für eine Menge anderer Staatsbedürfnisse regelmässig leisten, wie Kontrole des Kohlenverbrauchs für Heizungen, Vergleichsmaterial für hygienische Studien, zuverlässige Witterungsangaben für gerichtliche Streitfälle. Es erhellt zur Genüge, dass eine meteorologische Station und zwar eine mit andauerndem und möglichst umfassendem Arbeitsprogramm durchaus nicht bloss eine Anstalt akademischen Charakters zu Forschungs- und Lehrzwecken ist, sondern dass sie berufen ist, im Organismus eines geordneten Staatswesens eine ganz bestimmte Tätigkeit zu entfalten, die für die gedeihliche Weiterentwickelung ebenso notwendig ist, wie die Anstalten zur Pflege der leiblichen Gesundheit oder zur Stärkung der Wehrkraft.

Darum geben wir uns auch der Hoffnung hin, dass unsere Basler Station, nachdem sie vor nun bald zwanzig Jahren die Anerkennung als Staats-Institut gefunden, auch zu ihrem weitern Ausbau die kräftige Unterstützung der hohen Behörden finden werde.

Klimatologische Uebersicht von Basel.

Monatsmittel.

	Luftdruck mm.	Temperatur C°	Zahl der Tage mit Frost	Zahl der Tage ohne Aufthauen	Bewölkung %	Zahl der Tage helle	Zahl der Tage trübe	Dauer des Sonnenscheins Stunden	Regenmenge mm.	Schneemenge mm.	Niederschlag 1765–1804 (115 Jahre)	Niederschlag 1820–1891 (115 Jahre)	Schnee 1765–1804	Schnee 1820–1891	Schneedecke 1833–1891	Nebel 1827–1874	Reif 1875–1891	Rieel	Hagel	Gewitter
Beobachtungs-Jahre	1851 bis 1890	1827 bis 1891	1851–1890		1864 bis 1891	1851–1890		1886 bis 1891	1864–1891	1851–1890										
Januar	739.4	0.23	21.5	11.3	69	2.7	13.0	70	35	19	12.1	7.0	5.7	11.5	3.2	5.8	0.2			0.1
Februar	738.7	1.75	14.6	5.7	68	3.2	11.5	108	40	9	11.8	7.6	5.4	7.5	2.9	4.7	0.2			0.3
März	736.2	4.93	10.0	3.0	67	4.1	13.1	116	57	11	13.1	10.2	4.9	4.3	1.9	2.5	0.6		0.6	1.0
April	735.7	9.51	0.7	0.1	62	3.7	10.9	142	67	1	13.4	10.0	1.5	0.5	0.8	1.1	0.4		0.8	3.4
Mai	736.6	13.85	—	—	60	4.2	10.8	183	90	—	14.7	10.5	0.2	—	0.5	0.6	0.2		1.1	4.8
Juni	738.0	17.40	—	—	59	5.6	9.9	194	114	—	15.6	12.1	—	—	—	0.1	0.4		0.6	4.9
Juli	738.4	19.15	—	—	53	6.1	8.1	212	85	—	14.0	11.1	—	—	—	0.1	0.2		0.3	4.1
August	738.2	18.21	—	—	53	6.1	7.0	212	90	—	13.4	11.0	—	—	—	0.2	—		0.3	4.1
September	738.8	14.60	—	—	52	5.0	9.5	179	79	—	12.5	9.8	—	—	0.1	0.1	0.1		0.1	1.7
Oktober	737.6	9.57	0.7	—	68	2.6	14.8	129	82	—	12.9	10.9	—	0.1	0.6	0.6	0.3		0.4	0.4
November	737.4	4.46	5.0	2.2	75	1.7	16.5	71	67	7	10.9	10.1	3.0	3.4	2.5	2.5	0.3			0.1
Dezember	738.8	0.79	18.2	10.2	73	1.7	17.0	56	54	12	12.2	9.1	4.9	10.6	3.0	3.9	0.2			0.1
Jahr	737.8	9.50		31.0	63	47.0	142.1	1666	860	53	135.9	118.8	25.6	37.8		24.9	3.2		2.2	20.9
Frühling	736.2	9.43	10.7	3.1	63	14.2	34.8	441	214	12	41.2	30.7	6.6	4.8		4.2	1.8		0.9	4.7
Sommer	738.2	18.25	—	—	55	15.9	25.0	618	289	—	43.0	34.1	—	—		0.2	—		1.2	13.8
Herbst	737.9	9.54	5.0	0.8	65	9.3	40.8	373	228	8	36.3	30.3	3.0	3.4		3.0	0.6		0.1	2.2
Winter	739.0	0.77	54.3	27.1	70	7.6	41.5	234	129	33	36.1	23.7	16.0	29.6		14.4	0.6			0.2

Extreme.

	Barometerstand mm.	Datum	Temperatur Celsius	Datum
Beobachtungs-Jahre	1836–91		1829–91	
Maximum	760.3	1882 Jan. 16.	37.0	1845 Juli 7.
Minimum	709.2	1846 Dec. 25.	-27.0	1830 Febr. 3.

	Regenmengen Jahressumme mm.	Jahr	Monatsumme mm.	Monat	Tagessumme mm.	Datum	Langwährende Schneedecke
Beobachtungs-Jahre	1864–91		1864–91		1864–91		1863–1891
Maximum	1257	1872	308	1872 Mai	95	1872 Mai 25.	1890 November 26. bis 1891 Januar 24. oder 60 Tage
Minimum	564	1884	0	1865 Sept.	—	—	—

Beginn und Ende der winterlichen Erscheinungen.

	Zahl der Beobach- tungsjahre	Termine			Normale Zwischenzeiten (Tage)		
		mittlerer	frühester	spätester			
Erster Reif . . .	14	Okt. 13.	Aug. 23. 1887	Nov. 12. 1882	37		
Erster Schneefall .	112	Nov. 19.	Okt. 7. 1888	Jan. 20. 1853	7	140	189
Erste Schneedecke .	35	Nov. 26.	Okt. 28. 1869	Jan. 4. 1892	113		
Letzte Schneedecke.	35	März 19.	Dez. 23. 1881	April 24. 1854, 57	20		
Letzter Schneefall .	112	April 8.	Febr. 4. 1799	Mai 31. 1793	12		
Letzter Reif .	14	April 20.	Febr. 4. 1876	Juni 17. 1882			

Bemerkungen zur klimatologischen Uebersicht.

1. Luftdruck. — Die Barometerstände sind nicht für Schwere corrigiert. Sie wurden erhalten durch Vereinigung der von Hann für die Periode 1850—80 berechneten Mittel (J. Hann, die Verteilung des Luftdruck's über Mittel- und Süd-Europa. Geographische Abhandlungen Bd. 2, Heft 2, S. 162, Nr. 146) mit dem Mittel von 1881—90.

2. Temperatur. — Die Monatsmittel beruhen auf dem zur Berechnung der 62jährigen Mittel 1827—88 verwendeten Material (siehe Witterungs-Uebersicht der Jahre 1888 und 1889, Verhandlungen der naturforsch. Gesellschaft zu Basel, Bd. 9, S. 125 —128) und den Beobachtungen der Jahre 1889—91. Die Mittel sind aus den um 7, 1 und 9 Uhr angestellten Terminbeobachtungen nach dem Schema berechnet: $M = \frac{1}{4}(7 + 1 + 2 \times 9)$.

3. Dauer des Sonnenscheins. — Dieselbe wurde approximativ in folgender Weise bestimmt: Man zählte auf den Streifen jedes Monats ab, wie oft die Sonne im Moment einer vollen Stunde geschienen, die Anzahl dieser Notierungen wurde als Dauer des Sonnenscheins im betreffenden Monat eingetragen. Ein Vergleich mit den durch genaue Ausmessung der Streifen erhaltenen Werten, wie sie bisher von der schweizerischen meteorologischen Central-Anstalt veröffentlicht worden sind, zeigt, dass beide Verfahren nahe zum nämlichen Resultat führen:

	Genaue Ausmessung	Unsere Zahlen
1886	1767.0	1769
1887 .	1789.3	1789
1888 . .	1580.9	1576

4. Regenmenge und Zahl der Tage mit Niederschlag etc. sind nach den Tabellen in des Verfassers Schrift: »Die Niederschlagsverhältnisse von Basel« unter Hinzufügung der Jahre 1889—91 berechnet. Den drei 115jährigen Mitteln (für messbaren Niederschlag, Schnee und Gewitter) liegt vom Jahr 1805 bloss die erste Hälfte, vom Jahre 1826 bloss die zweite zu Grunde.

NB. Die Werte der Kolumnen »Luftdruck« bis »Dauer des Sonnenscheins« sind nur als provisorische Werte, alle folgenden aber als definitiv berechnete anzusehen.

Inhalt.

www.ingramcontent.com/pod-product-compliance
Lightning Source LLC
Chambersburg PA
CBHW032137080426
42733CB00008B/1109